JN273288

チェルノブイリ原発事故 ベラルーシ政府報告書
最新版

ベラルーシ共和国非常事態省チェルノブイリ原発事故被害対策局❖編
日本ベラルーシ友好協会❖監訳

チェルノブイリ原発事故 ベラルーシ政府報告書
最新版

ベラルーシ共和国非常事態省チェルノブイリ原発事故被害対策局◆編
日本ベラルーシ友好協会◆監訳

Национальный доклад Республики Беларусь
Четверть века после чернобыльской катастрофы:
итоги и перспективы преодоления

National Report of the Republic of Belarus
A Quarter of a Century after the Chernobyl Catastrophe:
Outcomes and Prospects for the Mitigation of Consequences

© Department for Mitigation of the Consequences of the Catastrophe at the Chernobyl NPP of the Ministry for Emergency Situations of the Republic of Belarus, 2011
©RRUE Institute of Radiology, 2011

Japanese edition is published by arrangement with the Society Japan-Republic of Belarus, Japan

本書の刊行にあたって

　本書は、チェルノブイリ原発事故から25年目の2011年1月にベラルーシ共和国非常事態省が事故の被害克服作業の節目として刊行した『ベラルーシ政府報告書　チェルノブイリ原発事故から四半世紀──被害克服の成果と展望』の邦訳です。

　チェルノブイリ原発は現在のウクライナにありますが、原発事故による最大の被災国は隣国のベラルーシでした。国土の約23％が放射性物質により汚染され、今も被害克服のための絶え間ない闘いを続けています。

　この報告書はチェルノブイリ事故後、ベラルーシではどのような被害があったか、ベラルーシ政府がどのような取り組みを行ってきたか、そして、いかに復興を成し遂げようとしているかを簡潔にまとめたものです。

　報告書の全文はPart2に掲載してありますが、福島第一原発事故後の日本の状況に引きつけて考えられるよう導入部として、Part1に2012年12月13日に東京の日本プレスセンターで開催した講演会の内容も掲載しました。

　チェルノブイリ原発事故と福島第一原発事故では被害や汚染状況が異なるうえ、ベラルーシと日本は風土、自然環境、歴史や政体も異なります。両国の状況を単純に比較はできないかもしれません。

　しかし、ベラルーシは原発事故被災国として先駆的な知見を蓄積・活用し、いまや持続可能な発展プロセスに移行しつつあります。この本にも詳述されるベラルーシの悪戦苦闘の四半世紀が、原発事故後の日本で何が問題となっているのかを冷静に見つめ、またどのような展望を描いていくことが可能なのかを考えるきっかけになることを願います。

　日本ベラルーシ友好協会は、1992年にチェルノブイリ事故の支援活動のために秋田で立ち上げられた民間のNPOです。これまでに度々ベラルーシを訪問し医療支援物資を届けたり、秋田大学医学部などの協力でベラルーシの医師を中心に特別医学研修を受け入れたりさまざまな活動を行ってきました。受け入れた研修医などの人数は71人にのぼり、いまや母国のベラルーシ国立医科大学長を務めた人もいます。私たちはこうした支援をきっかけに、互いを知ることで長期的な友好関係を築こうとしてきました。

ところが、2011年3月11日に状況は一変しました。

ちょうど支援活動を始めてから20周年を迎え、記念事業としてベラルーシの訪問やシンポジウムの開催を計画していた矢先の出来事でした。

この日が、まさしく私たちが「支援する側」から「支援される側」に回る転換点となったのです。

とりわけ日本は広島・長崎の原爆、第五福竜丸事件の被害国です。こうした教訓から放射能による悲劇を2度と繰り返してはならないと、市民活動も世界一活発に行われてきました。それにもかかわらず、ほかならない日本で放射能汚染を伴う世界的な大事故が起こってしまったのです。

私たちは過去の歴史に何を学んできたのだろうか。過去の歴史に学ぶとは、どのようにして可能なのか。私たちがこの世界と生活を維持していくためには、何を行い、また何を行ってはいけないのか。今こそ私たちはベラルーシをはじめ、チェルノブイリ事故の被災国から真摯に学んでいく必要があると思っています。それが未来に向けた新たな発想や行動につながるはずだからです。

この報告書は、ベラルーシ共和国との20年以上におよぶ友好・交流の証として、同国外務省から当協会がいただいたものです。一人でも多くの方にベラルーシの苦難の過去、未来に向けた取り組みを知ってほしい、そしてフクシマ再生に役立ててほしいという想いから、この度書籍として刊行しました。

なお、本書はロシア語の原文に忠実に訳していますが、日本の読者にとって分かりやすく、読みやすくなるようできるだけ表現は平易にし、要約や見出し、用語解説などを加えています。翻訳は当協会の会員や関係者で行い、第1種放射線取扱主任者の保坂三四郎氏が監修しました。本書が読者の皆さまの関心に少しでもお応えできればと思います。

2012年12月15日、日本とベラルーシは原発事故後の対応に関して情報交換などの分野で協力を促す協定を結びました。これから放射線測定や医学研究などさまざまな分野で両国の関係が緊密化していきます。

当協会も長年の支援活動などが認められ、2013年2月4日に事務局長の佐々木正光がベラルーシ共和国外務省より在秋田ベラルーシ共和国名誉領事を拝命し、3月15日付で日本政府外務省の承認を得ました。現在、福島以北の東北6県を管轄する名誉領事館を協会内に開設し、業務を開始しています。今後も当協会はベラルーシの保養施設での福島の子どもたちの保養プロジェクトを実現するなど、日

本とベラルーシの架け橋として活動を続けていきます。本書の刊行もまた両国を結ぶひとつのきっかけになればと思います。

　最後に、当協会のよき理解者であり友好協会の基礎をつくってくださった元秋田県知事、故佐々木喜久治氏、そして医学交流の中心的な役割を担った元秋田大学学長であり当協会理事長を長年務められた故渡部美種氏に感謝の意を表し、本書を捧げます。

2013年4月

特定非営利活動法人 日本ベラルーシ友好協会理事長
西木正明
同事務局長　在秋田ベラルーシ共和国名誉領事
佐々木正光

目次

本書の刊行にあたって　　3
■ベラルーシ共和国基礎データ　　8
■チェルノブイリ原発事故汚染地図　　10
■本書で使用する単位について　　12

Part1 最新報告
チェルノブイリの過去、日本の現在　　13

ベラルーシから見る日本の原発事故後の課題
在日ベラルーシ共和国特命全権大使　セルゲイ・ラフマノフ　　15

チェルノブイリ原発事故による住民の健康問題
国立放射線医学・人間生態研究センター所長　同付属病院院長　アレクサンドル・ロシュコ　　21

Part2 ベラルーシ政府報告書
チェルノブイリ原発事故から四半世紀──被害克服の成果と展望　　37

まえがき　　38
はじめに　　39

第1章 チェルノブイリ原発事故の被害　　42
　　1.1　国土の放射能汚染　　42
　　1.2　被ばく線量評価　　50
　　1.3　チェルノブイリ原発事故被害の医学的側面　　52
　　1.4　住民の避難と移住　　56
　　1.5　経済的損失　　60

第2章 チェルノブイリ事故被害克服アプローチの進化　　64
　　2.1　チェルノブイリ事故被害克服の科学的基礎　　65
　　2.2　チェルノブイリ法制
　　　　　──チェルノブイリ原発事故被災者の社会保障システムの変遷　　76

2.3　事故被害克服に向けたプログラム型・目標指向型アプローチ　　77
　　2.4　原発事故被害克服活動の国家管理　　89

第3章 チェルノブイリ原発事故被害克服施策の成果　　92
　　3.1　被災者の社会保障システムの構築　　93
　　3.2　被災者に対する医療サービスおよび被災者の健康状態　　97
　　3.3　被災者の健康増進およびサナトリウム療養制度の発達　　105
　　3.4　放射能汚染モニタリングの実施　　110
　　3.5　農業における防護措置　　118
　　3.6　林業分野の施策　　130
　　3.7　放射能検査システム　　135
　　3.8　立入禁止区域の管理
　　　　　——ポレシエ国立放射線・生態保護区　　139
　　3.9　被災地域の復興と発展へ向けた環境整備
　　　　　——建設、インフラ、ガス　　151
　　3.10　放射線生態学教育、専門家養成、住民や社会への情報提供　　157

第4章 チェルノブイリ事故被害克服の長期的課題：解決と戦略　　164
　　4.1　長寿命放射性核種による土地汚染の予測　　165
　　4.2　高レベル汚染地域の利用に関する長期的戦略　　166
　　4.3　環境放射線モニタリング　　169
　　4.4　被災者の健康管理——健康観察制度、専用登録台帳の発展　　170
　　4.5　チェルノブイリ原発事故の社会・心理的側面　　172
　　4.6　原発事故の記憶の維持と後世への継承　　174
　　4.7　被災地域の発展戦略——2020年までの課題　　181

あとがき　　184
執筆者・査読者一覧　　185
参考資料　　186
■用語解説　　187
■巻末資料　　189

カバーデザイン　山田英春
本文デザイン　　矢田秀一（フロンティア・クリエイト）
編集担当　　　　末澤寧史

ラトビア
ロシア
リトアニア
ヴィテプスク州
ミンスク
● モギリョフ
モギリョフ州
ベラルーシ共和国
グロドノ州
チェリコフ●
スラヴゴロド●
クラスノポリエ●
ポーランド
ミンスク州
チェチェルスク●
●ゴメリ
ブレスト州
ルニネツ●
ゴメリ州
●ブレスト
●ピンスク
モズィリ●
●ストリン
ナロヴリャ●
ホイニキ● ブラギン●
ポレシエ国立放射線・生態保護区
チェルノブイリ原発
ウクライナ
● キエフ

ベラルーシ共和国基礎データ

ベラルーシ共和国（通称ベラルーシ）は、東欧の国家である。ロシア、ウクライナ、ポーランド、リトアニア、ラトビアと国境を接する。1991年にソビエト連邦から独立した。ブレスト、ヴィテプスク、ゴメリ、グロドノ、ミンスク、モギリョフの6州、118地区から構成される。

面　　積：20万7600km²
人　　口：約946万人（2011年）
首　　都：ミンスク
民　　族：ベラルーシ人（83.7%）、ロシア人（8.3%）、
　　　　　ポーランド人（3.1%）、ウクライナ人（1.7%）
言　　語：公用語はベラルーシ語、ロシア語
宗　　教：ロシア正教が最も優勢、その他、カトリック、無宗教
政　　体：共和制
元　　首：アレクサンドル・ルカシェンコ大統領（任期5年）
議　　会：二院制
主要産業：工業（31.7%）、農林水産業（8.6%）、建設業（6.8%）、
（産業別構造比）
　　　　　サービス業（39.6%）
　　　　　（2011年、ベラルーシ共和国国家統計委員会）
国民総生産：551億ドル（2011年、世界銀行）
（GDP）
通　　貨：ベラルーシ・ルーブル（BYR）

＊出典：データは外務省ホームページから抜粋
　　　（http://www.mofa.go.jp/mofaj/area/belarus/data.html）

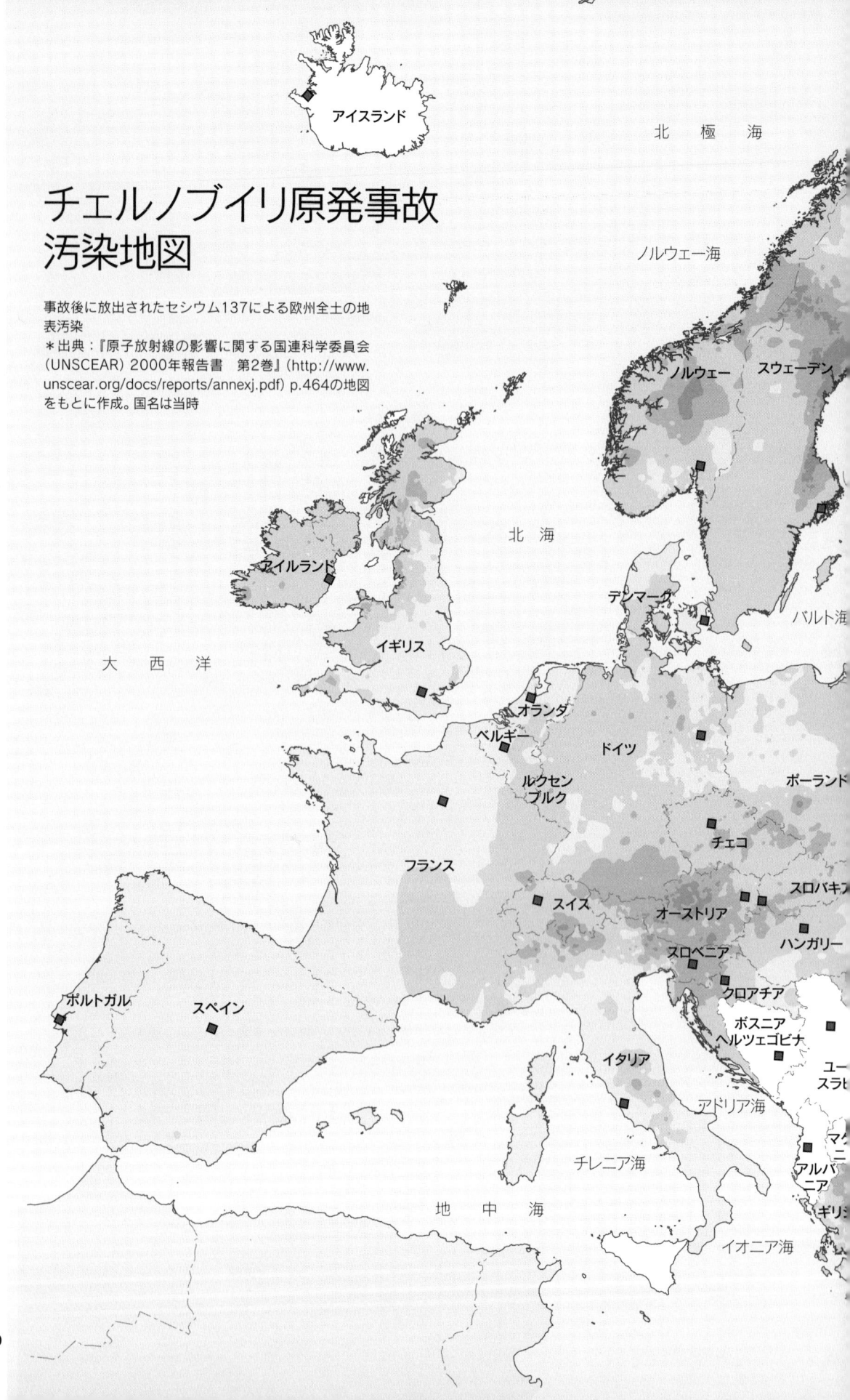

チェルノブイリ原発事故汚染地図

事故後に放出されたセシウム137による欧州全土の地表汚染

＊出典：『原子放射線の影響に関する国連科学委員会（UNSCEAR）2000年報告書 第2巻』（http://www.unscear.org/docs/reports/annexj.pdf）p.464の地図をもとに作成。国名は当時

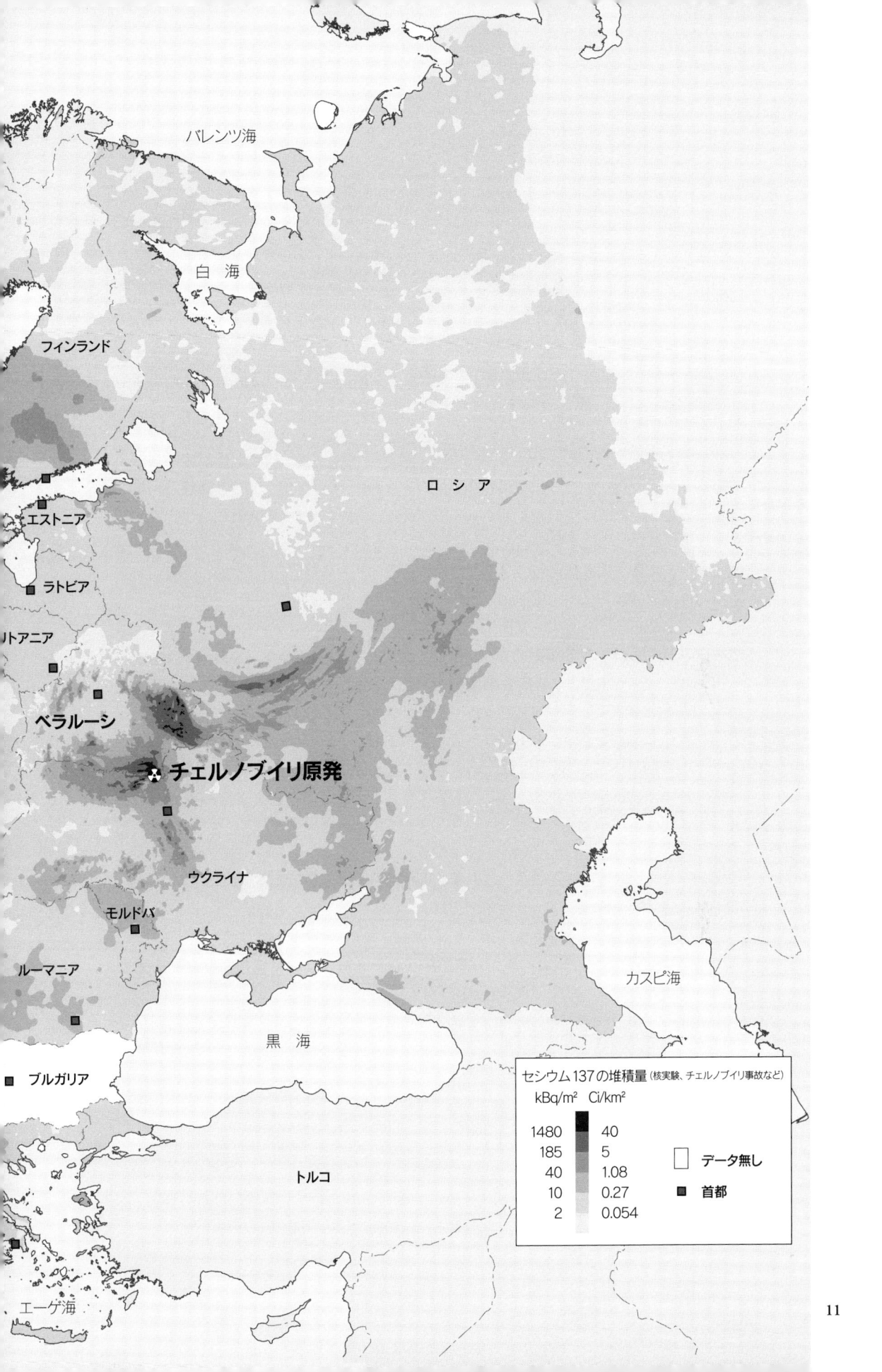

バレンツ海
白海
フィンランド
エストニア
ラトビア
リトアニア
ベラルーシ
チェルノブイリ原発
ウクライナ
モルドバ
ルーマニア
ロシア
カスピ海
黒海
ブルガリア
トルコ
エーゲ海

セシウム137の堆積量（核実験、チェルノブイリ事故など）

kBq/m²	Ci/km²
1480	40
185	5
40	1.08
10	0.27
2	0.054

□ データ無し
■ 首都

本書で使用する単位について

　本書では換算が難しい場合を除き、現在、日本国内で一般的に使われている単位を採用しました。単位の意味は、以下の解説をご参照ください。

ベクレル (Bq)：放射能の強さを表す単位。放射性物質から1秒間に放射線が何回放出されるかを表している。放射線にはアルファ線、ベータ線、ガンマ線などの種類があり、同じ数値でも、放射線の種類によって身体への影響が異なる

キュリー (Ci)：放射能の強さを表す単位。$1Ci=3.7\times10^{10}Bq$。本書では原則的にベクレルを用いた。ベクレルの項参照

シーベルト (Sv)：実効線量の単位。被ばくの人体への影響度合いを表す。通常は外部被ばくと内部被ばくの実効線量の合計値。1Sv＝1000 mSv（ミリシーベルト）、1mSv＝1000μSv（マイクロシーベルト）

人・シーベルト：主に集団線量を表す単位として使われる。放射線被ばくした集団を対象に線量を評価するために、評価対象とする集団の人数と被ばく線量の積をシーベルト単位で表す

グレイ (Gy)：吸収線量の単位。放射線に照射された物質が吸収するエネルギーの量。1Gyは、物質1kgに対して1ジュールのエネルギーを与える線量

レントゲン (R)：照射線量の単位。放射線が空気を電離して電気を帯びさせる強さで、放射線がどのぐらい出ているかを表す。電磁波（エックス線とガンマ線）のみに使われる。1R＝8.7mGy＝8.7mSv。現在は、クーロン（C）／kgという表記が一般的

Part 1
最　新　報　告

チェルノブイリの過去、
日本の現在

　チェルノブイリ原発事故から27年。ベラルーシ共和国は、現在も事故被害との闘いを続け、国を挙げてノウハウの蓄積に取り組んでいる。ベラルーシから見て、2011年3月の福島第一原発事故発生後、日本が抱える課題とは何か。
　Part1では、在日ベラルーシ共和国特命全権大使セルゲイ・ラフマノフ氏と、住民の健康問題に関する実務レベルの責任者である国立放射線医学・人間生態研究センター所長、同付属病院院長アレクサンドル・ロシュコ氏が日本の現状、そしてベラルーシのいまを紹介する。

ベラルーシから見る日本の原発事故後の課題

在日ベラルーシ共和国特命全権大使
セルゲイ・ラフマノフ

ベラルーシの経験から見た、日本政府の課題

　まずは福島第一原子力発電所の事故に関して、日本の皆さまへ心から同情の気持ちを表したいと思います。

　日本は、チェルノブイリ原発事故が起きたときに、私たちベラルーシ国民に真っ先に支援の手を差し伸べてくれた国のひとつでした。たくさんの子どもたちが日本にリハビリのために招待されました。私たちのために送ってくださったさまざまな医療機器は汚染地域の病院で現在でも使われています。日本の支援は、たいへん大きな助けとなっています。

　今回、残念なことに福島で原発事故が起きてしまいました。私たちの経験を福島の皆さま、そして日本の皆さまへ伝えていければと思っています。

　ベラルーシはチェルノブイリ事故の被災国のなかで、一番被害が大きかった国です。幅広い分野で巨額の費用がかかりました。

　この事故が起きた結果として、ベラルーシはそれまで世界に存在しなかったテクノロジーを自分たちで築きあげていかなくてはいけない状況に陥りました。具体的には、放射線[※1]計測機器、医療技術、農業技術、復興事業の組織化技術を独自に開発したのです。さまざまな技術分野の専門家がロシアやウクライナをはじめとする世界各国の専門家と交流を行っていますが、ベラルーシが得た経験が世界で一番、あるいはトップクラスだと私は自負しています。

　こうした幅広い経験があることは、日本でもわかってもらえるようになってきました。ベラルーシは、これらのテクノロジーの分野で欧米諸国を含むどの国よりも日本へ支援の手を差し伸べられる国だと思っています。

　具体的な例を挙げましょう。放射線の計測機器についてお話しします。

　福島第一原発事故が起きた直後の2011年3月には、ベラルーシの代表団が日本に来ており、すでにいろんな種類の放射線計測機器を供給しています。

　現在の日本には、多くの国々が輸出したさまざまな計測機器が存在します。しかし、そうした機器の大部分が、極端にいえば、おもちゃのようなものなのです。

　ベラルーシの専門家が日本でよく売れている計測機器の分析を行いました。誤差率を測ったのですが、ひどい場合には500倍でした。こうしたことが起きる理由は、日本では計測機器を輸入する際に、メーカーの仕様を信用して受け入れ側での品質検査を行っていないからです。機器の機械的な特徴の検査や管理を行っていないのです。

　この問題に関しては、いま日本の企業とベラルーシの専門家が共同で計測機

器の検査基準を作成しています。幸い、日本には計測機器を輸入する際、どう管理するか知識や経験を持つ企業がありました。私自身もメーカー関係者、政治家、省庁関係者、大企業の人たちと何回も会い、私たちには放射能[※2]汚染問題のさまざまな経験があり、役立てられることを訴えてきました。

課題1：正確な汚染マップの作成

　ベラルーシには原発事故の被害を克服するための国家計画（プログラム）[※3]があります。これは困難を伴う、複雑な計画です。この計画のなかには、解決しなければいけない課題がかなり多く含まれています。

　その大きな課題のひとつが、時間の経過による変化です。つまり、事故後の初期に解決しなければならない課題と、時が経つにつれて解決しなければいけない課題は異なるのです。いまの私たちの課題は、後者にあたる、被災地域の発展です。日本は、事故が起きた最初の段階で起きる課題を、まずは解決しなければいけません。具体的に3つ例をあげましょう。

　まず一番重要な課題は、正確な汚染マップを作ること。日本には、すでに汚染マップがいくつかあり、公表されていますが、私たちから見るとモデル図のようなものです。現実を反映していないと思っています。なぜかというと、この汚染マップは空中から測定されたものだからです。地表から一番近いところでも高さ1mで測定されています。このようにして作った地図は正確性に欠けます。

　一方、ベラルーシの汚染マップは、8年がかりで化学的なテクノロジーを使って作りました。さまざまな地域で表層土壌を採取して、化学的に分析したのです。当時は、1地点の採取試料の調査に数日かかる場合もありました。しかし、いま私たちは、たった5分で同じ分析ができる技術を持っています。

　この分析設備は国際基準を満たしており、米国で製造されている類似のものと比べても、優位な点が多くあります。この設備は日本への輸出が始まり、2013年以降、大量に導入される予定です。

　ところで、どうしてこのような機器がベラルーシで製造されているのでしょう？　どうして同じような機器がドイツ、フランス、イギリスでは製造されていないのでしょう？

　その理由は、ベラルーシが旧ソ連のなかで産業が最も発展した国のひとつだったからです。ご存知のとおり、旧ソ連時代はさまざまな技術分野の研究が行われ

ており、そのひとつが放射線管理のテクノロジーでした。考えてみてください。核実験を一番多く行ったのは、米国と旧ソ連ですよね。旧ソ連は、核実験を400回行っています。実は、このすべての実験でベラルーシの専門家たちが放射線の計測を担当していました。チェルノブイリ事故が起きたあと、この専門家たちが民生の放射線管理機器の開発に取り組んだのです（第2章2.1参照）。

日本では地震のあとに津波が発生し、大量の廃棄物が出ました。そのなかには放射性物質[※4]を含む廃棄物もありました。大きな問題は、放射性物質を汚染地域から非汚染地域に持ち出してしまうことです。残念なことに、日本ではまだこの点において十分な取り組みが行われていません。例えば、福島の汚染地域に入ったトラックは検査を受けずに、東京や他の地域に移動しています。こうした輸送手段の検査には特別な装置が必要であり、多大な費用がかかります。ベラルーシは、かなり以前からこの検査装置を製造しており、米国だけでなく、欧州諸国、ロシアなど全世界へ輸出しています。

課題2：住民の健康管理

次に住民の健康管理もとても重要な課題です。ベラルーシには国家による医療・リハビリ制度があります。年間約150万人が健康診断を無料で受けています。また病気になった場合の治療費も無料です。

一番重要なのは、子どもたちの健康です。どんな国も子どもたちの健康には特別に配慮しますが、ベラルーシではリハビリ制度がつくられました。

この制度では、リハビリ・健康増進センターが10施設あり、年間約6万人の子どもたちがリハビリを受けています（第3章3.3参照）。

この制度を担う専門家たちは、汚染地域に住む子どもたちは年に1回、いま住んでいる地域から約1ヵ月離れて、汚染のない場所にいることが必要と考えています。そうすることで体内に蓄積されたセシウムを排出することができる、と。そのためにリハビリ・健康増進センターに子どもたちを送っているわけです。

また現在、ベラルーシでは汚染地域に約114万人が住んでいますが、汚染地域に住む子どもたちには、無料で給食が提供されています。給食には、健康増進のためビタミンや抗酸化物質が含まれています。

2012年の夏に福島と仙台の子どもたちのグループがベラルーシのリハビリ・健康増進センターでリハビリを受けました。これはベラルーシ政府の招待によるもので、交通費を含む費用をすべてベラルーシ政府が負担して行いました。

このベラルーシ政府による日本の子どもたちへの施策は、毎年行われる予定です。すでに2013年夏のプロジェクトに向けて準備を進めています。

　話は少し変わりますが、ベラルーシでは、子どもたちに対する特別な環境教育も実施されています。放射線の理論と実践を学ぶ授業が、学校のカリキュラムに組み込まれています。また汚染地域の学校には情報センターを設置しています。そこに放射線計測器や線量計などが備えられており、実習ができます。

　子どもは、大人が立ち入りを禁じた場所で遊ぶのが大好きですよね。汚染地域でも同じです。ベラルーシでは、経済的に合理性がないことから、すべての地域では除染を行っていません。人が働いたり、住んだりする場所が中心で、森林地帯は除染しません。日本は森林が多く、国土の80%を占めますが、残念ながら除染の効果は期待できないのです。ベラルーシでは、こうした危険な場所に子どもが立ち入らないよう汚染地域での正しい行動を身につけられるプログラムをつくっています。

　また私たちのユニークな取り組みとして、「子から親へ」の知識の伝達があります。新しいことを吸収しやすい子どもが学校で学んだことを家で親に伝え、放射線について正しい理解を広めていく、という手法です（第3章3.10参照）。

課題3：心理面のリハビリ

　もうひとつ重要な課題が、心理面でのリハビリです。人間は、ストレスに悪影響を受けます。ストレスは、状況がよくわからないときや、恐怖感を抱いたときに受けます。逆に現実の状況を知り、何をしてよいか、何をしてはいけないかさえわかっていれば、緩和されるのです（第4章4.5参照）。

　残念ながらチェルノブイリ事故当初、人々は現実の状況を知りませんでした。そのためストレスによる被害者もかなり出てしまいました。私たちとしては、私たちが目撃し、経験してきた過ちを日本に繰り返してほしくないと思っています。

今後の2国間の関係

　ベラルーシが日本とテクノロジーの面においてパートナーになるのは、決して偶然ではありません。ベラルーシはとても高い水準にある国なのです。ベラルーシはチェルノブイリ事故で一番大きな被害を受けた国であるのと同時に、旧ソ連が崩壊したあとに一番発展した国でもあります。

　ベラルーシは旧ソ連を構成した共和国のなかで、いち早くソ連時代の経済レベ

ルを取り戻し、それだけでなく、経済のポテンシャルを飛躍させた国です。

　ベラルーシの国民1人当たりのGDPは、ソ連時代と比べて約3倍に増えています。ウクライナはソ連時代を100とすると、いまは80ぐらいです。ロシアは、石油や天然ガスなどの資源が豊富ですが、180。一方、ベラルーシは300です。

　ベラルーシと日本は協力関係にある友好国です。私たちの持てる情報は、制限なく無償でお伝えすることができます。私たちはすでに日本の専門家から要請があったさまざまな文書を日本政府に引き渡しています。チェルノブイリ事故のあとにベラルーシ政府が作った報告書、汚染マップ、子どもたちの行動指針を示した手引書などです。

　事故被害の克服には多額の費用がかかります。ベラルーシは、すでに約200億米ドルを費やしました。日本では津波の被害や汚染がれきの問題もあるので、もしかしたらもっと巨額になるかもしれません。もし私たちの経験を取り入れるのであれば、日本は直面している問題をより早くより少ない費用で解決できると思います。

　これから数日中に日本とベラルーシの間に政府間協定が結ばれる予定です（「原子力発電所における事故へのその後の対応を推進するための協力に関する日本国政府とベラルーシ政府との間の協定」2012年12月15日締結）。この協定は、原発事故が起きたあとの対応についての情報交換と協力に関するものです。これは枠組み協定となりますので、この協定のなかで今後、日本とベラルーシの専門家の交流が活発になります。

　日本は、高度なテクノロジーを持ち、礼儀正しく、ビジネスでも慣習を重んじる国です。他人に対して親切で、思いやりのある行動をとります。このような国民性は、私たちベラルーシ人にもあてはまるものです。私たちの経験をもとにして日本の皆さまとパートナー関係を結ぶことは、大きな可能性につながると思います。

　福島第一原発事故後に発生したさまざまな問題ができるだけ早く解決することを心から願っています。ベラルーシ政府としては日本側からの要請に基づき、福島の事故の被害を克服するために必要な支援をする用意がいつでもあります。

チェルノブイリ原発事故による住民の健康問題

国立放射線医学・人間生態研究センター所長
同付属病院院長
アレクサンドル・ロシュコ

国立放射線医学・人間生態研究センターについて

　ベラルーシは、これまでにチェルノブイリ原発事故の被害克服のために5次にわたり国家計画を実施してきました。

　この計画には、重要な方針が6つあります。1つ目が、被災者への医療支援。2つ目が、住民の被ばく線量低減措置と放射線生態学上の地域再生。3つ目が、環境の放射能汚染のモニタリングと放射線管理。4つ目が、汚染地域にある居住区の社会・経済的な保障と今後の発展。5つ目が、国家計画を科学的に根拠づける基礎研究。6つ目が、被災者の社会・心理面でのリハビリです。

　国家計画を実行するにあたり、しっかりした実施メカニズムがつくられています。保健省をはじめとする関係省庁が水平、垂直方向に連携しながら実行しているのです。縦軸では、例えば保健省、各州の保健局、さらに下部の各地区の医療施設が連携し、横軸でも各省庁間で相互に連絡を取りあっています。

　2002年の大統領令によって放射線の研究や治療を行う特別なセンターがつくられました。それが、私が働いている国立放射線医学・人間生態研究センターで、中央センターになります。センターには病院も付属しています。

　このセンターは、住民に対する特別な医療支援、とくに被災者に対する医療支援を目的としています。この目的を実現するための課題としては、放射線の人体への影響に関する最新の知見を取り入れて住民に対する医学観察の新たな原則を導入すること、科学研究の効果を上げて新しい学術研究プログラムを構築していくこと、専門病院で新しい治療技術を開発していくこと、放射線の人体への影響に関する国際協力を拡大していくことが挙げられます。

　最も重要な方針は、原子力事故によって放射線の被害を受けた人たちに医療支援をどのようなかたちで行うか、どのような分野の医療を施すかをしっかり見極めたうえで、実際に支援していくことです。

　放射線の影響について科学的に研究することの重要性は、ずいぶん前からわかっていました。科学研究センターをつくろうという考え自体は、ソ連時代からあったものです。ですが、実際に設立されたのは独立後でした。アレクサンドル・ルカシェンコ大統領のイニシアティブで私たちの科学研究センターが設立されることになったのです。

　このセンターには、科学研究部、訪問者向けホテル、1日に500人の外来患者を受け入れることができる診療所、病床数360床の病棟が付設しています。

　科学研究部には4つのラボがあります。主な研究対象は、チェルノブイリ原発事

故後の放射線の影響です。私たちのセンターは、2011年から2015年に向けた国家計画のなかで、科学分野の発展を担う最も重要な組織と位置づけられています。

また、このセンターはチェルノブイリ原発事故の経験を踏まえ、緊急時に放射線被ばくの治療にあたる緊急チームを擁し、放射線障害を発症した患者のために病床数60床の特別な治療室を用意しています。

さまざまな国の汚染規模を比較すると、ベラルーシが最大の被害国となっています。放射性核種[※5]の降下により長期間にわたり、国土の約23％に相当する約4万6500km^{2}が汚染されました。そのうちセシウム[※6]137による土壌汚染濃度[※7]が37～185キロベクレル／m^{2}の面積は2万9900km^2、185～555キロベクレル／m^{2}は1万200km^2、555～1480キロベクレル／m^{2}は4200km^2、そして1480キロベクレル／m^{2}以上の面積は、2200km^{2}にのぼります（第1章1.1参照）。

事故被災者の総数は220万人で、総人口の約20％にあたります。事故直後、原発から30キロ圏内には107の居住区がありましたが、そこから2万4700人が避難しました。原子力発電所内や汚染地域の事故処理作業に従事した作業員は、10万人以上。事故後に471の居住区から13万7700人が計画的に移住しました（第1章1.4参照）。

国家管理台帳に基づく医学調査

原発事故後の最も重要な問題のひとつが、住民の受けた被ばく線量でした。1990年代のはじめには、950万人以上に対する甲状腺被ばく線量の調査が行われ、平均線量が再構築（推定評価）されました。その結果、被ばくした時点の年齢と住んでいた場所によって度合いは異なりますが、ほとんどすべての住民がヨウ素[※8]131の影響を受けていたことがわかりました。

現在までに実効線量に関しては、しっかりした評価が出されています（第1章1.2参照）。ベラルーシではさまざまな防護措置をとった結果、住民の被ばくレベルは、何らかの確定的影響が発現するレベルよりもずっと低く抑えることができました。

被災者への医療サービスのために、国家管理による被ばく線量台帳がつくられました。そして健康観察制度[※9]や、住民の健康維持を目的とした学術研究を正しく行うためのシステムなどが構築されていきました。この登録台帳は、国、州、地区の3レベルで構成されています。

登録されている住民は、第1から第7グループに分かれています（第3章3.2参照）。

私たちはこの台帳を用い、登録者の罹患率[※10]のデータを分析しました。その結果、放射能リスクが高いグループを割り出すことができました。そして現在までに、150万人以上の国民がさまざまなカテゴリの被災者に区分され、国の観察下に置かれています。

全般的な疾患

　チェルノブイリ事故に関わった人の健康状態は、事故の被害を評価する際に重要な問題となります（第1章1.3参照）。

　図1をご覧ください。第1〜第4グループの人たちの標準化罹患比[※11]を1995年と比較すると、42％減少しています。

図1　被災者カテゴリ別の標準化罹患比の変動（単位：1/10,000）

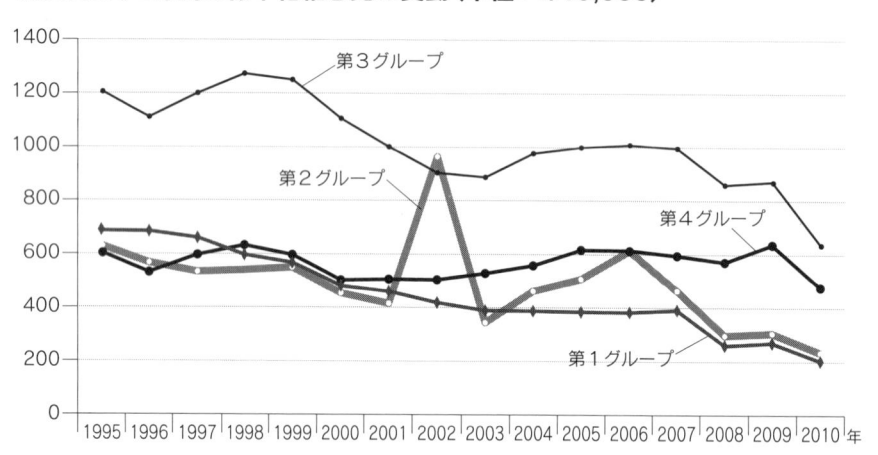

　2010年の新規疾病内訳を1995年と比較してみましょう（図2）。

図2　1995年および2010年の被災者の新規疾病内訳

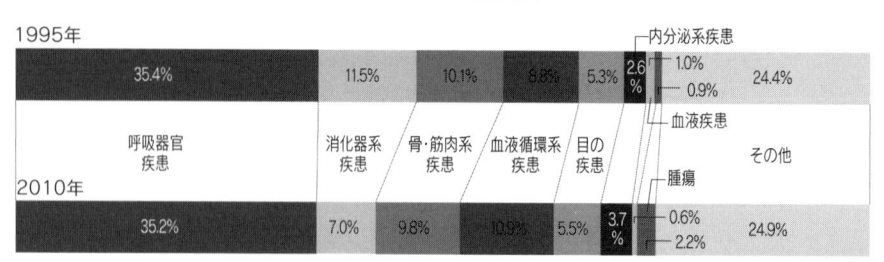

1995年								
呼吸器官疾患 35.4%	消化器系疾患 11.5%	骨・筋肉系疾患 10.1%	血液循環系疾患 8.8%	目の疾患 5.3%	2.6%	内分泌系疾患 1.0% / 血液疾患 0.9%	腫瘍	その他 24.4%
2010年								
35.2%	7.0%	9.8%	10.9%	5.5%	3.7%	0.6% / 2.2%		24.9%

2010年も1995年も罹患の割合が一番大きいのが、呼吸器官の病気です。4位から2位に上昇したのが、血液循環系の病気です。骨と筋肉系の病気は、両年とも3位でした。5位から4位になったのが、損傷・中毒。2位から5位に下降したのが、消化器系の病気です（編註：損傷・中毒は、「その他」に含まれている）。

一方、罹患率と異なり、有病率※12は上昇しています（図3）。1995年から2010年にかけて、第1〜第4グループは有病率が69％増えていますが、この主な原因は観察対象集団の高齢化です。

図3　被災者カテゴリ別の標準化有病率の変動（単位：1/10,000）

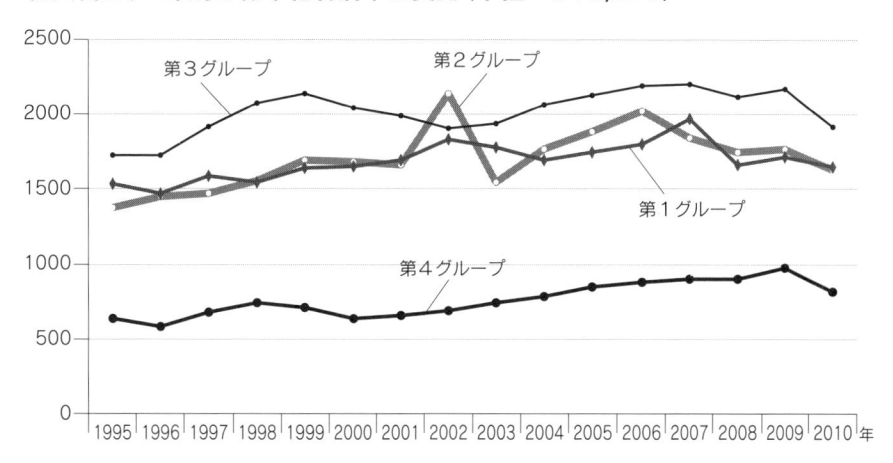

低線量被ばくの影響

低線量被ばくにおいて放射線が腫瘍を誘発するリスクは今日まで解明されていません。国内外で発表されている研究にはさまざまな解釈があり、しばしば対立する見解も見られますが、これは低線量の生物学的影響を評価するための十分な科学的データが得られていないということです。したがって、低線量被ばくしたコホート（観察集団）※13に対する直接の疫学調査は重要な科学的意義を持っています。

事故処理作業員の発がんリスク

チェルノブイリ原発事故被災者国家登録台帳や国内がん患者台帳のデータを放射線疫学の観点から分析することによって、さまざまなカテゴリの住民のがん罹

患率の変動を評価することができます。

　1993年から現在までの悪性腫瘍の研究で、原発事故の事故処理作業員のがんの罹患率は平均的なベラルーシ人のレベルとほとんど変わりませんでした。男性も女性も増加の傾向は認められませんでした。

　この図4は、男女の事故処理作業員の相対リスク[※14]の評価に関するデータです。

図4　事故処理作業員男女における悪性腫瘍の相対リスク評価

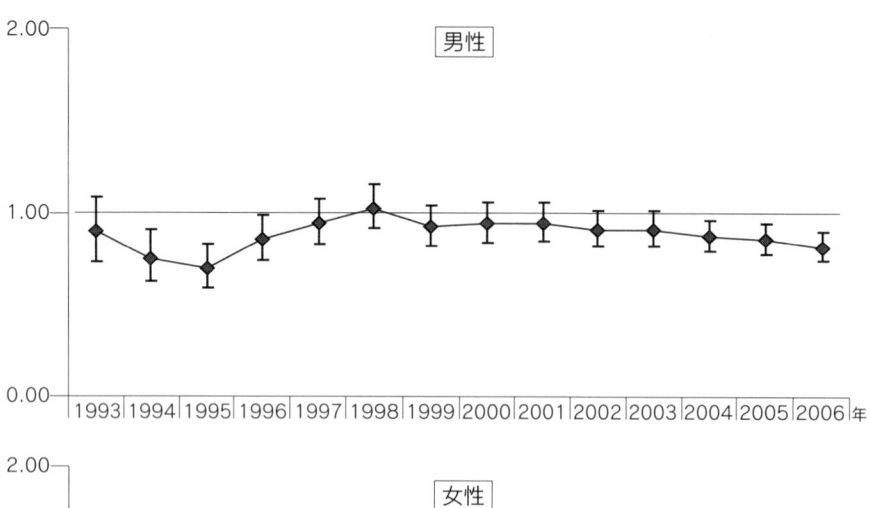

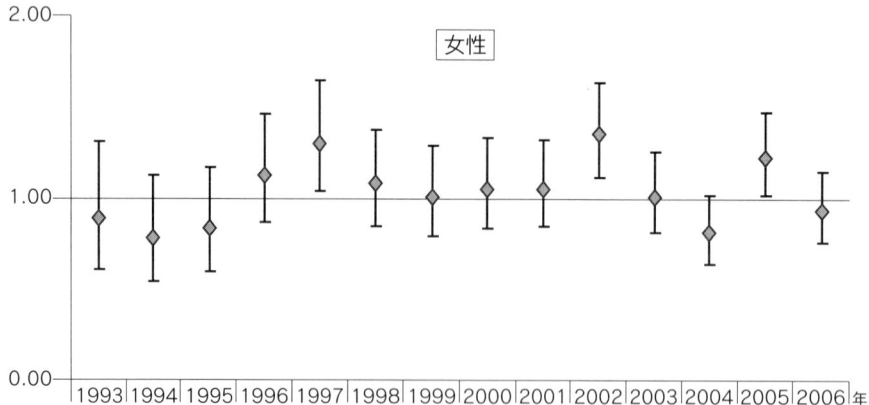

＊図の読み方：四角が相対リスクの値。四角を挟んで描かれている横線は相対リスクの信頼性（95％信頼区間の値）を表す。横棒が2つとも、リスクがないことを表す1.0より上に位置していると統計的に有意にリスクが高いと解釈できる。一方、横棒が1.0をまたぎ下に位置する場合は、放射線リスクが有意にあるとはいえない。

　全期間における悪性腫瘍に関する相対リスクは、男性で0.89（信頼区間0.86〜0.92）、女性で1.04（信頼区間0.98〜1.04）です。

放射線リスクモデルの主要な指標のひとつとして病気発症時の年齢がありますので、次の図5では、発症時年齢に応じた事故処理作業員男女の相対リスクの評価を示します。

図5　事故処理作業員男女における発症年齢別の悪性腫瘍の相対リスク評価

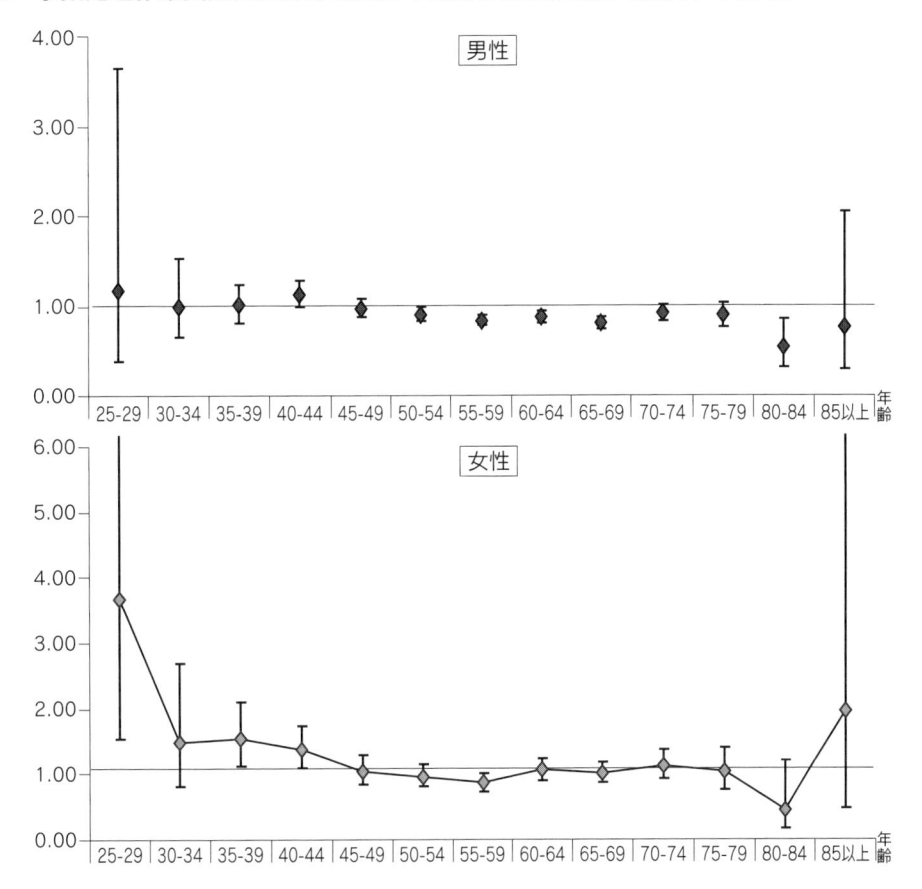

25～29歳の女性は、相対リスクが統計的に有意な値を超え、3.67（信頼区間1.53～8.82）になっています。同じ年齢の男性の相対リスクについてもいくらかの増加が認められますが、統計的に有意ではありません。

チェルノブイリ原発事故後の子どもや未成年者の甲状腺がん罹患率にはっきりとした増加が見られるということから、事故処理作業員の甲状腺がんの一部についても放射線が誘発している可能性が仮定できます（図6）。

図6 事故処理作業員男女における甲状腺がんの相対リスク

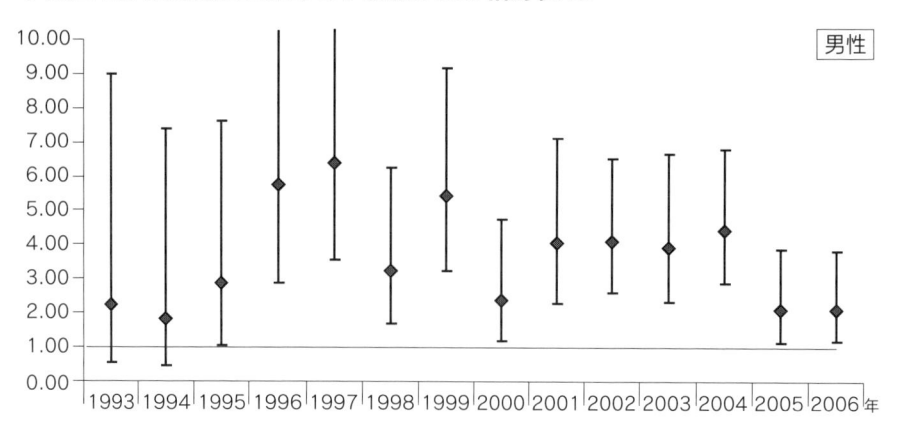

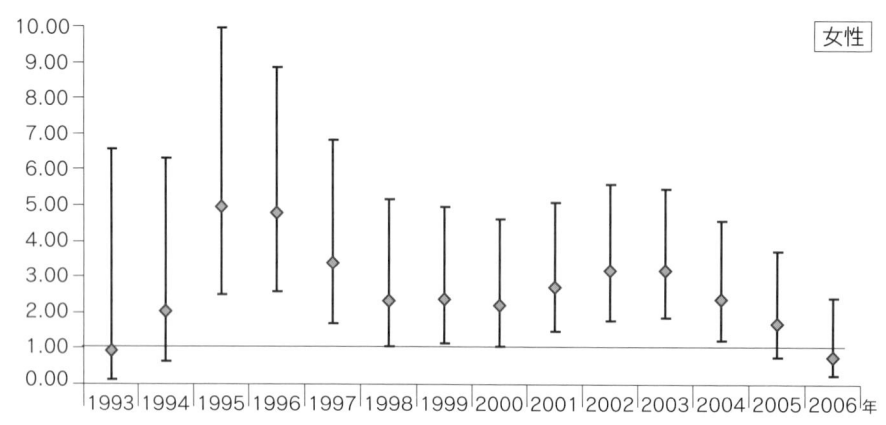

　観察対象の全期間では、甲状腺がんの発生に関する相対リスクは、女性が2.6（信頼区間2.1～3.1）、男性が3.5（信頼区間3.0～4.2）となっています。

　とくに注目すべきは、女性と比べた場合の男性の甲状腺がんの相対リスクの特徴です。女性の相対リスクの変動は、1995年から2000年にかけてはっきりとした減少を示し、自然発生レベルに戻っていますが、男性については観察対象の全期間にわたって高いリスクが維持されています。

　大人の甲状腺がんの罹患において、とくにハイリスクのグループでは、このがんの大部分が放射線の誘因による腫瘍です。

　各部位のがんのデータについて分析しましたが、観察対象の全期間あるいは各年をとっても相対リストのはっきりとした増加は見られませんでした。

乳がんの発症リスク

　乳がんの研究も行っています。データを分析してみても事故処理作業員の女性に乳がんが増加している傾向は見られず、観察対象の全期間の相対リスクは0.93（信頼区間0.81〜1.08）でした（図7）。一方、発症時の年齢別データを分析したところ、若年女性の集団に相対リスクのかなりの増加が観察され、その値は6.93（信頼区間0.98〜49.2）でした。

図7　女性事故処理作業員における乳がんの相対リスク

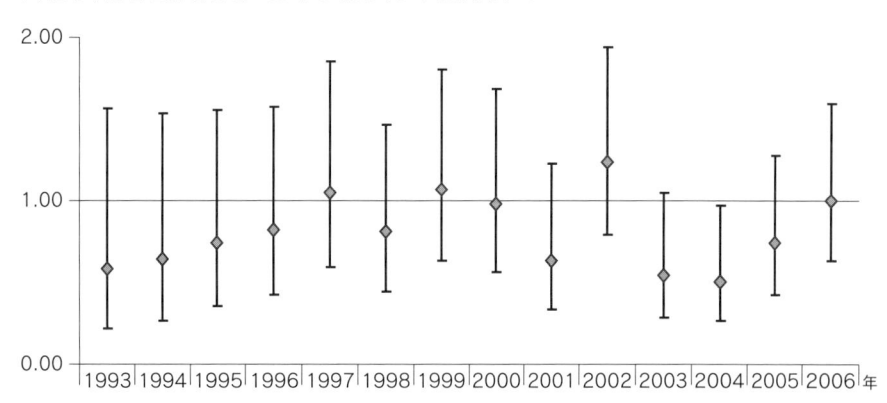

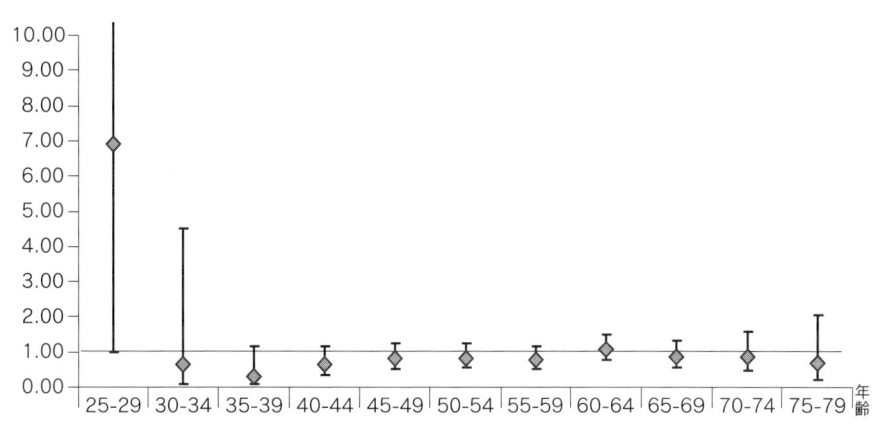

子どもや未成年者の甲状腺がん

　子どもや未成年者の甲状腺がんが放射線を原因とすることは誰の目にも明らかではありますが、図8と図9で甲状腺がんの相対リスクの評価を示します。

図8　チェルノブイリ事故時に0～18歳の男女における甲状腺がんの相対リスク

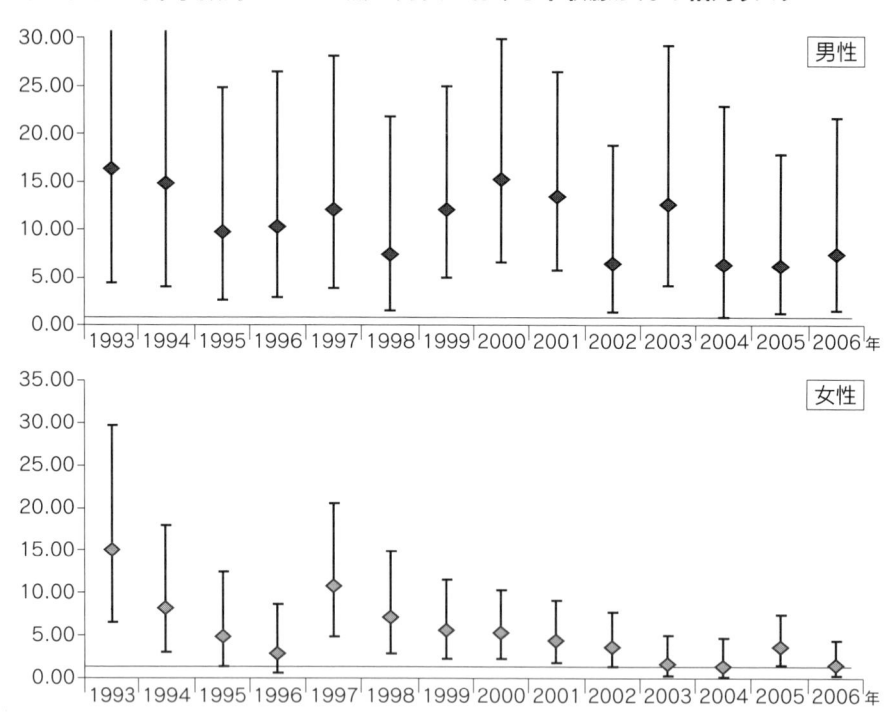

図9　チェルノブイリ事故時に0～18歳の住民における発症年齢別の甲状腺がんの相対リスク評価

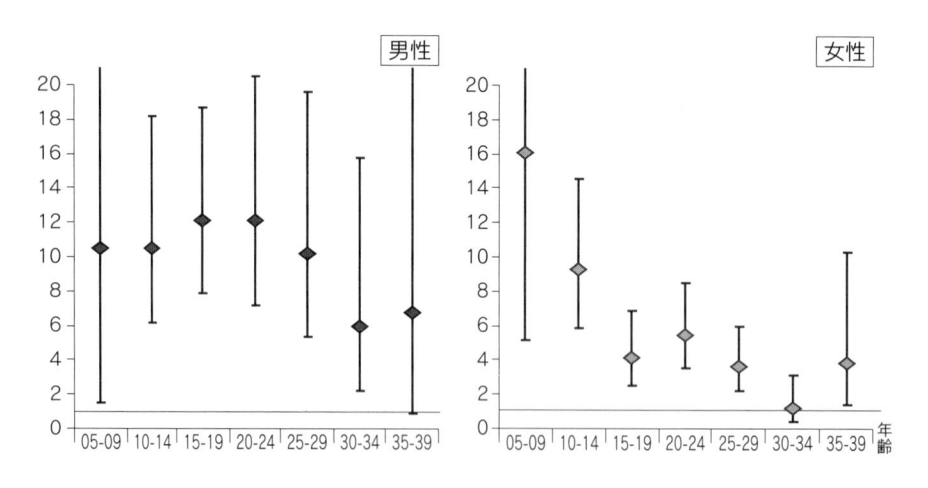

　この2つのグラフを事故処理作業員の同じグラフ（図4と図5）と比較して分かるのは、やはり男性のコホートの特徴ですが、調査対象全期間にわたって高リスクが低下するはっきりとした傾向がないということです。一方、女性のコホート

は、高リスク集団に分類されているにもかかわらず、甲状腺がん罹患率は近年自然発生レベルに戻っています（図8）。

同じような法則性は、甲状腺がんのデータを発症年齢別に分類するときにも観察されます（図9）。

低年齢で被ばくした人は、被ばく時の年齢が低いほど放射線リスクが大きくなることが知られています。そのため、事故時の年齢と性別に応じた甲状腺がんの相対リスクの評価を行いました（図10）。

図10 チェルノブイリ事故時年齢別の甲状腺がんの相対リスク評価

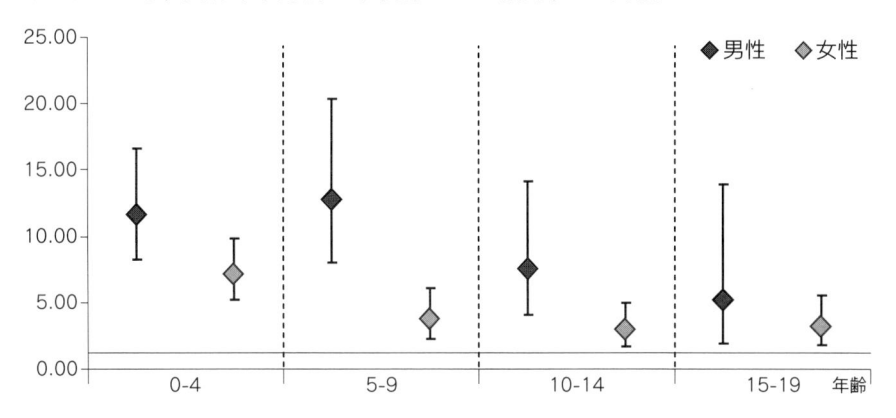

このグラフでは、上述の法則性がはっきりと見て取れます。そのほかに、子どもの乳幼児期や児童期の年齢では、女の子に比べ、男の子の甲状腺がんのリスクが顕著に高いということも注目されます。

観察コホートは、がんが疾病構成の上位を占める年齢にはまだ達していません。一方、事故時に青年期にあった女性は注目されます。観察数が少なく他の部位のがんのリスクについて統計的に有意な評価は行えませんが、最近3、4年で乳腺や生殖器官のがん罹患率が増える傾向にあります。

低年齢で被ばくした子どもで構成されたコホートの観察によって、放射線疫学上の新たな知見を得られるでしょう。

さまざまな悪性腫瘍への影響

被災者のがん罹患率の研究結果を総括するうえで、さまざまな形態の悪性腫瘍の寄与リスク[※15]を評価しました。

図11 寄与リスク評価（％）

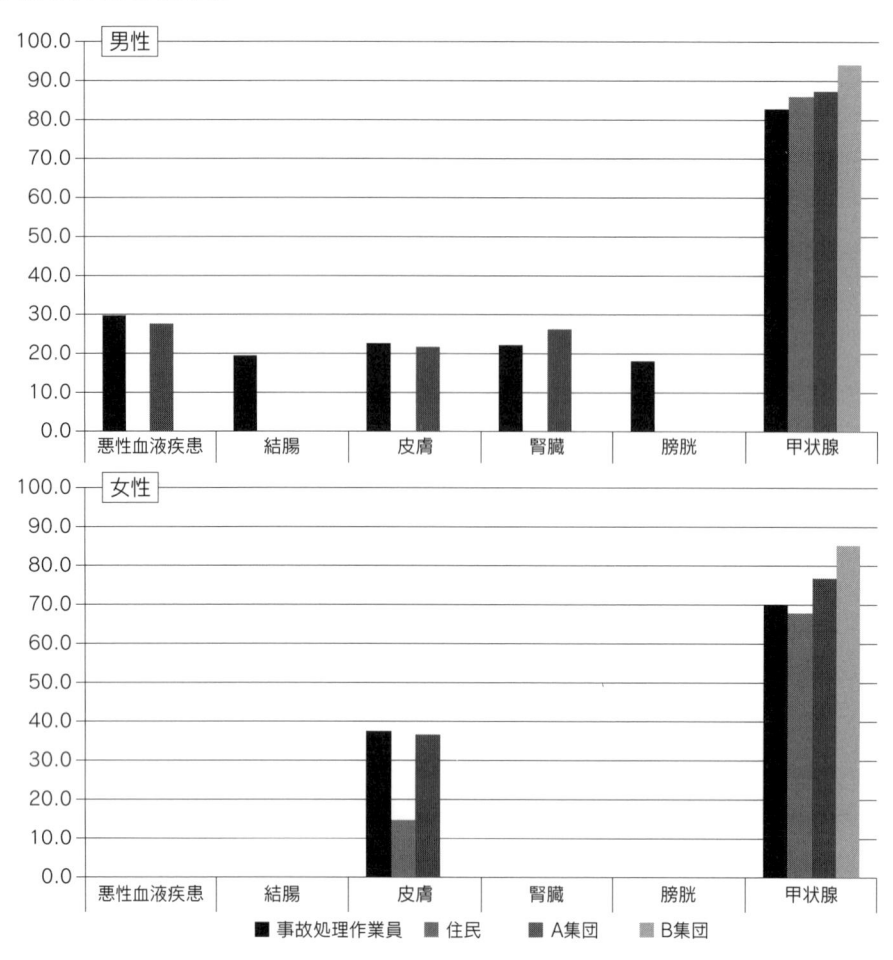

男性

女性

■ 事故処理作業員　■ 住民　■ A集団　■ B集団

＊A集団とB集団は、ハイリスク集団。詳細は、第3章3.2参照

　図11は悪性腫瘍に関する放射線影響の寄与リスクを示しています。
　悪性腫瘍の誘発という放射線被ばくの確率的影響についてはかなりの量の研究や発表がなされており、放射線疫学研究を行う際の重要な指針となっています。一方、非腫瘍性の疾患についての放射線リスクの評価はまだ解明されていません。

乳幼児の甲状腺疾患のリスク

　事故当時0〜3歳の乳幼児のさまざまな形態の甲状腺疾患の相対リスクの評価も行いました（表1）。

表1　事故時に0〜3歳の子どもの甲状腺疾患の相対リスク評価

年齢集団	モデル	性別	リスク評価	95%信頼区間 (Wald信頼区間[16])	P値[17]	寄与リスク（%）
単結節性甲状腺腫	ERR[18]	男	0.68	0.37+0.98	<0.001	40.5
		女	0.19	0.05+0.33	0.006	16.0
	EAR[19]	男	9.61	5.25+13.96	<0.001	
		女	5.08	1.43+8.74	0.006	
多結節性甲状腺腫	ERR	男	1.28	0.26+2.30	0.013	56.1
		女	1.07	0.36+1.77	0.003	51.7
	EAR	男	2.79	0.57+5.01	0.013	
		女	3.98	1.35+6.61	0.003	
腺腫	ERR	男女	2.42	1.11+3.72	<0.001	70.8
	EAR	男女	2.80	1.29+4.32	<0.001	
甲状腺がん	ERR	男	11.59	6.42+16.76	<0.001	92.1
		女	7.46	3.56+11.37	<0.001	88.2
		男	7.69	4.26+11.11	<0.001	
		女	5.65	2.70+8.61	<0.001	
自己免疫性甲状腺炎	ERR	男	0.73	0.017+1.44	0.045	42.2
		女	-0.002	-0.01+0.06	>0.5	
	EAR	男	3.1	0.25+5.87	0.045	
		女				

　私たちの評価としては、幼少期に被ばくした人に見られる単結節性または多結節性甲状腺腫[20]の50％以上は、甲状腺被ばくが原因である可能性があります。そ

のように考える根拠として、幼少期に被ばくした若者のコホートでは、甲状腺腫の発生頻度と甲状腺被ばく線量の間にはっきりとした相関があることが挙げられます（図12）。

図12 チェルノブイリ事故時に0〜18歳の住民における甲状腺の吸収線量[※21]に応じた結節性甲状腺腫罹患率（単位：1/100）

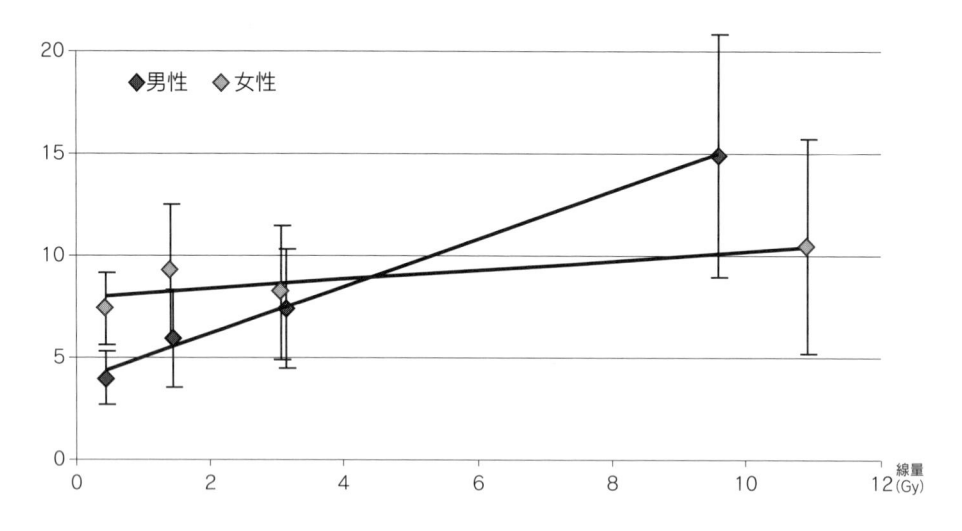

ヨウ素被ばくの指標となる細胞組織を発見

　今日の医学分野で最も重要な問題のひとつは、病気と被ばくの因果関係を示す客観的な評価基準の追究です。

　放射線の影響の研究は、原爆が落とされた日本の広島・長崎から始まりました。しかし骨髄の研究が中心で、甲状腺関係の研究は行われてきませんでした。チェルノブイリ事故の特徴は、大量のヨウ素131が放出されたこと。このヨウ素131が人体に大きな影響を与えたのです。ですから、私たちはヨウ素131がどのような影響を与えるか研究してきました。

　この分野で、2011年に非常にユニークな成果が得られました。細胞核病理学という細胞に関する分野の研究です。甲状腺の病気を患っている人たちの甲状腺細胞を研究したところ、細胞のなかにある核間染色質橋が肥大していることがわかりました。これは正常な細胞ではありません（図13）。

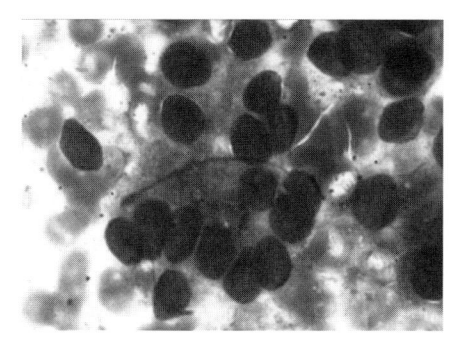

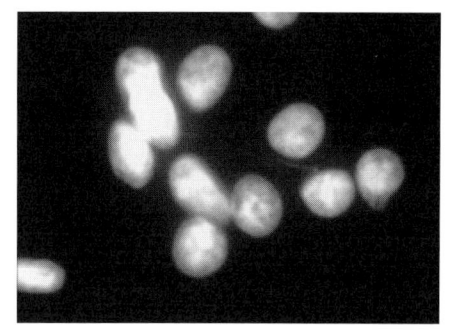

図13 結節性甲状腺腫患者の甲状腺細胞における肥大した核間染色質橋（ゴメリ地域）

　この肥大した核間染色質橋の存在が放射線の影響を受けたことのメルクマール、指標になると、私たちは考えています。
　この細胞が見られる人の被ばく線量を測り、線量と異常な細胞の発生の相互関係を調べました。その結果、異常な細胞は明らかに放射線の影響を受けて発生したことがわかったのです。

4つの研究成果

　結論を述べます。これまでに私たちが行ってきた研究のさまざまなデータから得られた成果は4つあります。
　1つ目は、被災者全体については総じて健康状態の悪化傾向は見られていないということです。
　2つ目は、事故処理作業員のがんの発生率は、同じ年齢・性別グループのベラルーシの住民と比較しても大きな差はないということです。ただし、特定部位について過剰な発生が見られます（皮膚がん、腎臓がん、膀胱がん）。
　3つ目は、甲状腺の悪性腫瘍が放射線に起因することについては確信できるデータが得られているということです。
　最後に4つ目は、肥大した核間染色質橋が甲状腺に放射線が影響を与えたことのメルクマールとして利用できると明らかになったことです。

＊Part1は、2012年12月13日に日本プレスセンターで開催された、日本ベラルーシ友好協会主催のチェルノブイリ支援20周年記念講演会「チェルノブイリの教訓に学ぶ〜日本の皆さんへ」の講演記録をもとに加筆・修正された。

Part 2

ベラルーシ政府報告書

チェルノブイリ原発事故から四半世紀
―――被害克服の成果と展望

　ベラルーシは5年ごとに見直される国家計画に基づき、科学的かつ体系的に事故被害対応を行ってきた。被災地域の再生・復興を促す独自の取り組みは国際的にも評価され、現在は、持続的発展に取り組む段階にある。

　Part2は、チェルノブイリ事故から四半世紀を総括した政府報告書である。第1章では、事故がもたらした被害を概観する。第2章は、被害克服に向けたアプローチの紹介。第3章では、これまでの主要な成果を総括する。そして第4章では、10年先を見据えた再生の展望を描く。

まえがき

　2011年4月26日は、チェルノブイリ原子力発電所事故から25周年にあたる。あの災いの日の出来事を境にして、数百万人の運命が「あの日以前」と「あの日以後」に分かれた。

　事故の被災者たちは、いまどのような日々を過ごしているのだろうか？　若い世代はチェルノブイリの悲劇をどのように受けとめられているのか？　人類のための電力確保、環境保全、気候変動といった文脈のなかで、チェルノブイリ原発事故をどのように評価すべきなのか？　被災地域の自然や精神の財産をどのように守り、次世代に伝えていくべきか？　これらすべての疑問に対する答えが、ベラルーシ国民の自己認識の形成にとって重要な役割を果たす。

　あれから25年の歳月が流れた。四半世紀というのは、国の歴史にとって重要な区切りである。ベラルーシは、自ら望んだわけではないが、広大な土地が長期にわたり放射能汚染される状況のなかで暮らし、働くという経験を積んだ。今日の我が国は、放射線学や放射線医学の優れた研究機関や近代的な放射線測定機器の生産拠点を有し、法規制、医療と社会保障、放射線管理、汚染地域における農林業経営の各制度も充実している。ベラルーシは、「チェルノブイリ事故の最大の被害国」から、「貴重な研究や実践、管理の経験を蓄積した国」へと質的に移行する最中にある。我が国がチェルノブイリ事故の被害を乗り越える過程で得てきた経験は、人類全体にとって有益なものとなるだろう。

　現在のベラルーシは、被災地域の持続可能な発展を目指す段階へ到達している。「我々は、あなた自身や子どもたちが安心してここに暮らせるよう、この地域の再生と刷新を成し遂げなければならない」。これは、2009年にゴメリ州ブラギン地区を訪問したアレクサンドル・ルカシェンコ大統領の言葉である。大統領は住民との対話において、これらの地域に投入した資源は決して無駄ではなかったと自らの確信を語っている。

ベラルーシ共和国非常事態省
チェルノブイリ原発事故被害対策局

はじめに

チェルノブイリ原発事故は、ベラルーシにとって文字通りの「大惨事」だった。その克服に向けてさまざまな対策を講じ、今日ようやく発展段階に立っている。事故後の対策費用、法制度や社会保障制度、医療サービス、農業生産などについてここでは現状の概略と、報告書の目的が紹介される。

大惨事の克服に向けて

25年前、チェルノブイリ原子力発電所において事故が発生した。史上最大の放射線事故であった。

事故の影響は程度の差こそあれ多くの国に及び、国境を越えて世界に広がった。最大の被害国はウクライナ、ベラルーシ、ロシアだったが、なかでもベラルーシの被害は隣国に比べはるかに甚大であった。このため、ベラルーシにおけるチェルノブイリの被害は「大惨事（catastrophe）」または「国家環境災害（national environment disaster）」という用語が実態を的確に表現している。

チェルノブイリの大惨事の被害克服が、ベラルーシ共和国にとって国家的意義を持つ課題となった。汚染地域の住民生活は、立法・行政府および大統領の関心事項である。あらゆる実践活動は、原発事故の被害克服に関するさまざまな国家計画の枠内で行われ、その支出は国家予算の大きな割合を占めている。

経済上の問題にもかかわらず、これまでに事故被害の克服に190億米ドルが投入された。これは国家予算2年分に相当する。

国内では法制度が十分に確立され、すべてのカテゴリの被災国民に対する社会保障制度も整えられた。

医療サービスのレベル向上、大規模な療養および健康増進プログラムが功を奏し、被災者、とくに子どもの病気罹患率の大幅な増加を抑制することができた。

農林業分野の防護措置によって、法定汚染のない作物が生産可能になった。

放射能（線）モニタリング・検査システムが構築され、効果的に機能しており、電離放射線を測定する機器類は日々進歩している。

原発の半径30km圏を含む立入禁止区域の維持管理に必要な作業が実施されている。

放射線安全[※22]に関わる人材の訓練・再訓練や住民への情報提供の制度が整えられた。

「チェルノブイリ原発事故およびその他の放射線事故による被災者の社会保障に関する法律」が、被災者全体の利益を保護している。住民と事故処理作業員に対す

る福祉手当と補償は、放射性核種汚染地域において事故処理作業、仕事や生活を行うことによって生じる健康被害やリスクに対する補償の原則が基礎となっている。

被災者の健康問題

事故被害克服の活動において最も重要な位置を占めているのは、事故処理作業員や被災者の健康管理の問題である。

健康調査、予防医学的検査、疾病の診断と治療、健康増進と保養に基づく現行制度は、原発事故がもたらした健康被害を一定程度までは補償しているといえる。

被災者への医療サービスの中心的な制度は、病気の早期発見と治療を保証する予防医学的健康観察制度である。140万人を超える被災者が健康調査を受け、そのうち子どもは21万2000人を超える。被ばく者登録台帳にはこれまでに170万人以上のデータが保存され、そのうち36万人分は子どもと未成年者のものである。

汚染地域に暮らす子どもの健康維持・増進のために最重要な施策のひとつとして、学校で栄養バランスのとれた給食の無料化が実施されている。現在、初等・中等教育機関の12万7000人を超える子どもが無料給食の権利を持っている。

健康増進の観点から重要な役割を担っているのは、サナトリウム・保養施設における被災者の療養である。17万人以上が治療や療養を無料で受ける権利を持ち、そのうち16万5000人が子どもや未成年者となっている。

大統領計画「ベラルーシの子どもたち」の下位計画として行われた「チェルノブイリの子どもたち」も成果を上げた。これによって、子どもに対する一層の医療サポート、社会・精神面のリハビリ、健康促進が実現し、多くの治療・予防施設が建設または改修された。

国が何よりも力を入れたのは、国民の健康への放射線リスクを低減し、放射能汚染という条件下で通常の生活が営めるようにすることである。さまざまな防護措置によって、外部・内部被ばく[※23]集団線量[※24]の相当の低下を達成した。

安全な生活条件が確保できない居住区からの住民の移住は完了した。移住者は計13万7700人にのぼった。移住者のために、239村に生活に不可欠なインフラや公共サービスを備えた6万6000戸以上もの集合住宅形式の住居や菜園付きの一戸建て住宅が建設された。移住者の需要を満たすため、普通科学校、幼稚園、託児所、診療所、簡易診療所、病院が建設された。

農産物の生産

国民に対し汚染のない燃料と質の高い水を確保するという課題は計画にそって

順調に解決されている。

　国内の100万ヘクタール以上の農地では、法定汚染のない作物生産のために特別な注意が求められる。このため国家予算でさまざまな特別の防護措置が講じられている。一例として、汚染地区にリンやカリウム系肥料を必要量供給し、土壌にまくことがある。酸性土壌の石灰処理、除草剤の使用も十分な量が行われている。また農村住民には牧草地やセシウム吸着剤を含む配合飼料が提供されている。

　こうした対策によって、原発事故後の最初の期間と比較して、基準値を超える放射性核種を含む作物の生産をかなり低下させることができた。また作物や原料の放射性核種濃度[※25]基準は数次にわたり見直され、厳格化されてきた。

　しかし農業団体のなかには、防護措置を講じても特化する作目がそのままでは法定汚染のない農産物を生産できない団体もある。このような団体の間では、2002年から大統領指示により作目転換計画が進められている。保健衛生基準を満たす生産分野への移行が行われており、その分野としては、食肉用畜産、種苗生産（穀物、ジャガイモ、多年草植物向け）、工業原料用作物がある。

　これと同時に、放射能汚染下における経営効率や採算性の向上という課題も解決へ向けた取り組みが行われている。

　農産物生産は今後も引きつづき、汚染地域の住民の雇用確保には重要な分野であり続けるだろう。したがって、予算や設備をこの分野に集中させ、投資を募ることが必要なのは明らかだろう。

報告書の目的と構成

　原発事故から25年が経過し、最重要課題は解決されたが、多くの課題は長期的性格を帯びている。通算第5次にあたる国家計画が2011年から実施され、2011年から2015年および2020年に向けた期間を対象としている。これは、チェルノブイリの問題が以前と変わらず国の最優先課題のひとつであることを示している。

　本報告書の狙いは、ベラルーシ共和国におけるチェルノブイリ被害、被害克服へ向けた国の取り組み、活動の成果、さらには未解決の問題について客観的理解を得てもらうことである。

　第1章では、チェルノブイリ原発事故がもたらした放射線被害、被ばく線量と損害を概観する。第2章は、原発事故被害克服のためのアプローチを取り上げる。第3章では、事故被害克服の過程で我が国が得た主要な成果に触れる。最後の第4章では、ポスト・チェルノブイリの長期的活動の展望を示し、本報告を締めくくる。

第1章

チェルノブイリ原発事故の被害

　チェルノブイリ原発事故は、ベラルーシ共和国にどのような被害をもたらしたか。この章で紹介される主な実態は次のとおりである。

●国土の放射能汚染：
セシウム137によって37kBq/m²以上の汚染を受けたのは、国土の約23%。2010年2月1日付で、汚染地域に約114万人（人口の約12%に相当）が居住

●被ばく線量評価：
甲状腺の被ばく線量は、若年層が最も高かった

●健康被害：
成人の甲状腺がん罹患率が6倍以上増加。子どもの発症率のピークは事故から約10年後で、1986年と比べて39倍に増加

●住民の避難と移住：
「避難区域（立入禁止区域）」から2万4700人、「退去区域」から13万7700人が避難または移住を強いられた。このほか約20万人が自主避難した

●経済的損失：
復興期間を30年とした場合、損害額は2350億米ドルにのぼり、1985年の国家予算の32年分に相当

1.1　国土の放射能汚染

ヨウ素131による汚染

　チェルノブイリ原発の事故は4号炉炉心の熱爆発（thermal explosion）を伴い、爆発の瞬間に炉内に蓄積されていた多種多様な放射性核種が大気中に放出された。

　事故から数週間は短寿命の核種、とくにヨウ素の同位体[※26]131〜135のガンマ

線※27による線量率※28の著しい増加がベラルーシのほぼ全域で観測された。線量率が毎時500マイクロシーベルトに達した居住区もあったが、これは通常のバックグラウンド放射線※29の数千倍の値である。なかでも住民の健康に最も深刻な影響を及ぼしたのは、ヨウ素131であった（半減期※30は8.04日）。

天然資源省気象部のデータによると、1986年4〜5月のゴメリ州ブラギン、ホイニキ、ナロヴリャの各地区ではヨウ素131の地表への降下が3万7000キロベクレル／m²（1000キュリー／km²）を超えるところもあった。ゴメリ州のヴェトカ地区では土壌中のヨウ素131は2万キロベクレル／m²に達した。モギリョフ州ではチェリコフ地区とクラスノポリエ地区で最大の汚染が見られた（5550〜1万1100キロベクレル／m²）。

このほかに著しい放射能汚染があったのは、ゴメリ州の南西部にあるエリスク地区、レリチッツィ地区、ジトコヴィチ地区、ペトリコフ地区、ブレスト州のピンスク地区、ルニネツ地区、ストリン地区であった。

ヨウ素の放射性同位体※31は人体に取り込まれると、甲状腺に蓄積されて被ばくの原因となる。このため、放射性ヨウ素による汚染はベラルーシのほぼ全住民に著しい甲状腺被ばく（いわゆる「ヨウ素アタック」）をもたらし、とくに子どもの甲状腺異常の発症が増加した。

代表的な汚染スポット

ヨウ素131の降下物の実測値は利用可能な測定データ自体が限られていることから、ヨウ素による放射能汚染の全体像を把握するために、理論モデルに基づく汚染状況の再構築作業が行われた。

1986年4月26日〜5月10日の気象条件や放出された放射性物質の種類や動態が要因となって、国土の汚染は不均一かつモザイク状に広がる複雑な様相を呈した。いくつかの代表的な汚染スポットを挙げることができるが、第一に、原発から半径30キロ圏の「チェルノブイリ原発周辺地域」がある。この地域のセシウム137による土壌汚染レベルは極めて高く1万4800キロベクレル／m²（400キュリー／km²）に達した地域もある一方、汚染レベルが185キロベクレル／m²（5キュリー／km²）を下回るような箇所もある。

第二に、「北西部の痕跡」として知られる汚染がある。ゴメリ州の南部と南西部、ブレスト州、グロドノ州およびミンスク州の各州中央部にあたる地域である。汚染レベルはチェルノブイリ原発周辺地域よりも格段に低い。

第三の汚染スポットは、ゴメリ州の北部とモギリョフ州の中央部にあたる。

セシウム137による汚染

　長期間にわたる汚染や被ばくの最大の原因となっているのが、セシウム137である。

　欧州における放射性セシウムの汚染については、欧州委員会の支援を受けて欧州、ロシア、ベラルーシ、ウクライナの専門家が作成した「チェルノブイリ事故後の欧州のセシウム汚染地図」〔参考資料1〕に包括的データが紹介されているが、チェルノブイリ原発事故由来の放射性セシウムの実に約35％がベラルーシ共和国に降りそいだ。

　セシウム137によって37キロベクレル／m^2以上の汚染を受けたのはベラルーシ国土の約23％、面積にして4万6450km^2にのぼる。また13万6500km^2においては、セシウム137の土壌汚染が10キロベクレル／m^2（0.27キュリー／km^2）を超えた。

　チェルノブイリ原発事故後のセシウム137による土壌汚染の最高値は6万キロベクレル／m^2（1622キュリー／km^2）だが、この値は原発の近郊（ゴメリ州ブラギン地区）および遠方（モギリョフ州チェリコフ地区）の双方で測定されている。

放射能汚染地域とは

　現在、ベラルーシ国内で放射能汚染地域と見なされているのは、チェルノブイリ原発事故により長期にわたり放射性物質によって環境が汚染されている地域であり、具体的には放射性核種の土壌汚染が、セシウム137は37キロベクレル／m^2（1.0キュリー／km^2）以上、ストロンチウム[※32]90は5.55キロベクレル／m^2（0.15キュリー／km^2）以上、プルトニウム[※33]238・239・240は0.37キロベクレル／m^2（0.01キュリー／km^2）以上の場所である。このほかに住民の年間平均実効線量[※34]（自然放射線や、医療診断など人工放射線による被ばくを除く）が1.0ミリシーベルトを超える可能性のある地域や、放射性核種の濃度が国の基準値（「チェルノブイリ原発事故による放射能汚染地域の法的地位に関する法律」第3条）〔参考資料2〕を超えない食物を作ることが不可能な地域も同様に汚染地域と見なされている。

　すべての州に汚染地域が存在するが、最も大きな被害を受けたのはゴメリ州、モギリョフ州、ブレスト州であった。セシウム137による土壌汚染が37キロベクレル／m^2（1キュリー／km^2）を超える地区は、ゴメリ州に21地区、モギリョフ州に13地区、ブレスト州に4地区、ミンスク州に10地区、グロドノ州に3地区、ヴィテプスク州に1地区ある。

　1986年から2010年までの間、セシウム137の土壌汚染が37キロベクレル／m^2（1

キュリー／km²）を超える面積は、同核種の自然崩壊[※35]により事故当初の62.5%まで減少し、2010年1月1日時点では国土の14.5%になった（表1）。汚染面積は、ゴメリ州が1万8330km²、モギリョフ州が7880km²、ブレスト州が2370km²であり、州面積のそれぞれ45.37%、27.08%、7.23%に相当する。

表1　チェルノブイリ原子力発電所事故のセシウム137により汚染されたベラルーシ共和国の国土（2010年1月1日時点）

		汚染面積		汚染レベルごとの面積（単位：1000km²）			
		km²（単位：1000）	%（対国土）	37〜185 kBq/m²（1〜5Ci/km²）	185〜555 kBq/m²（5〜15Ci/km²）	555〜1480 kBq/m²（15〜40Ci/km²）	1480 kBq/m²（40Ci/km²）以上
ベラルーシ共和国		30.10	14.5	20.86	6.6	2.22	0.42
州単位	ブレスト州	2.37	7.23	2.3	0.07		
	ヴィテプスク州	0.01	0.03	0.01			
	ゴメリ州	18.33	45.37	11.7	4.72	1.54	0.37
	グロドノ州	0.61	2.41	0.6	〜0.01		
	ミンスク州	0.90	2.25	0.9	〜0.01		
	モギリョフ州	7.88	27.08	5.35	1.8	0.68	0.05

汚染地域の区域分け

　汚染地域は、放射性核種による土壌汚染や住民への放射線影響レベル（実効線量）に応じて次のように区域分け（ゾーニング）されている（表2）〔参考資料2〕。

表2　チェルノブイリ原子力発電所事故により放射能汚染されたベラルーシ共和国国土の区域分け

区域の名称	実効線量 (mSv/y)	土壌汚染濃度（kBq/m²〈Ci/km²〉）		
		セシウム137	ストロンチウム90	プルトニウム238・239・240
定期放射線管理対象居住区域	1未満	37〜185 (1〜5)	5.55〜18.5 (0.15〜0.5)	0.37〜0.74 (0.01〜0.02)
移住権利区域	1〜5	185〜555 (5〜15)	18.5〜74 (0.5〜2.0)	0.74〜1.85 (0.02〜0.05)
第二次移住対象区域	5超	555〜1480 (15〜40)	74〜111 (2.0〜3.0)	1.85〜3.7 (0.05〜0.1)
第一次移住対象区域	—	1480 (40)超	111 (3.0)超	3.7 (0.1)超
避難区域(立入禁止区域)	1986年に住民が避難した原発周辺地域			

避難区域（立入禁止区域）：

　1986年に当時の放射線安全基準にしたがって住民の避難が実施されたチェルノブイリ原子力発電所周辺地域（具体的には半径30km圏に加え、土壌汚染濃度についてストロンチウム90が111キロベクレル／m²〈3キュリー／km²〉、またはプルトニウム238・239・240が3.7キロベクレル／m²〈0.1キュリー／km²〉を超えるため追加的に移住が実施された地域）。

第一次移住対象区域：

　土壌汚染濃度についてセシウム137が1480キロベクレル／m²（40キュリー／km²）、ストロンチウム90が111キロベクレル／m²（3.0キュリー／km²）、またはプルトニウム238・239・240が3.7キロベクレル／m²（0.1キュリー／km²）を超える地域。

第二次移住対象区域：

　土壌汚染濃度についてセシウム137が555〜1480キロベクレル／m²（15〜40キュリー／km²）、ストロンチウム90が74〜111キロベクレル／m²（2〜3キュリー

／km²）、またはプルトニウム238・239・240が1.85〜3.7キロベクレル／m²（0.05〜0.1キュリー／km²）で、住民の年間平均実効線量（自然放射線や人工放射線を除く）が5ミリシーベルトを超える可能性のある地域。また上記放射性核種の土壌汚染濃度が低くても、住民の年間平均実効線量が5ミリシーベルトを超える可能性のある地域も含まれる。

移住権利区域：
　土壌汚染濃度についてセシウム137が185〜555キロベクレル／m²（5〜15キュリー／km²）、ストロンチウム90が18.5〜74キロベクレル／m²（0.5〜2キュリー／km²）、またはプルトニウム238・239・240が0.74〜1.85キロベクレル／m²（0.02〜0.05キュリー／km²）で、住民の年間平均実効線量（自然放射線や人工放射線を除く）が1ミリシーベルトを超える可能性のある地域。また上記放射性核種の土壌汚染濃度が低くても、住民の年間平均実効線量が1ミリシーベルトを超える可能性のある地域も含まれる。

定期放射線管理対象居住区域：
　土壌汚染濃度についてセシウム137が37〜185キロベクレル／m²（1〜5キュリー／km²）、ストロンチウム90が5.55〜18.5キロベクレル／m²（0.15〜0.5キュリー／km²）、またはプルトニウム238・239・240が0.37〜0.74キロベクレル／m²（0.01〜0.02キュリー／km²）で、住民の年間平均実効線量（自然放射線や人工放射線を除く）が1ミリシーベルトを超えない地域。

汚染地域の居住区数と住民数
　2010年2月1日現在、セシウム137で汚染された面積は、国の総面積に対して、それぞれ「定期放射線管理対象居住区域」が10.0％、「移住権利区域」が3.2％、「第二次移住対象区域」が1.1％、「第一次移住対象区域」が0.2％となっている。
　上記の区域に含まれる居住区およびその他の施設のリストは、汚染状況の変化や他の要因を考慮しながら、閣僚会議において少なくとも5年に1度以上の頻度で見直しされる。
　現行の「放射能汚染地域に含まれる居住区・施設リスト」は、2010年2月1日付の閣議決定第132号で承認された。同リストによると、現在の放射能汚染地域には2402居住区が含まれ、計114万1272人が住んでいる（表3）。

表3　2010年2月1日時点の放射能汚染区域別の居住区分布

州名	定期放射線管理対象居住区域	移住権利区域	第二次移住対象区域	計
ブレスト	114	5	－	119
ヴィテプスク	1	－	－	1
ゴメリ	950	352	13	1315
グロドノ	106	－	－	106
ミンスク	117	1	－	118
モギリョフ	616	122	5	743
計	1904	480	18	2402

　2056年までには、放射能汚染区域へ分類される居住区の数が1051まで減少すると予測されている。

ストロンチウム90による汚染
　ストロンチウム90の汚染は、セシウム137の汚染と比べて、より局所化されている〔参考資料3〕。ストロンチウム90の土壌汚染が5.5キロベクレル／m²（0.15キュリー／km²）を超える場所は、面積では2万1100km²であり、国土全体の10％にあたる。ストロンチウム90の土壌汚染の最大値はチェルノブイリ原発30km圏（ゴメリ州ホイニキ地区）で、1800キロベクレル／m²（48.6キュリー／km²）に達した。原発から離れた地域におけるストロンチウム90の土壌汚染の最大値は、原発から250kmのモギリョフ州チェリコフ地区で検出された29キロベクレル／m²（0.78キュリー／km²）、ゴメリ州北部ヴェトカ地区の137キロベクレル／m²（3.7キュリー／km²）であった。

超ウラン核種による汚染
　超ウラン核種[36]の降下が見られたのは、主に原発周辺地域（半径30km圏）の範囲内であった。

現在、チェルノブイリ事故由来の代表的なアルファ線[※37]放出核種は、半減期の長いプルトニウム238・239・240とアメリシウム[※38]241である。

プルトニウムの同位体による汚染が0.37キロベクレル／m^{2}を上回る土壌はおよそ4000km^{2}に及び、国土のおよそ2％にのぼる。汚染地域は主にゴメリ州（ブラギン地区、ナロヴリャ地区、ホイニキ地区、レチツァ地区、ドブルシュ地区、ロエフ地区）と、モギリョフ州チェリコフ地区である。

プルトニウムの同位体による高濃度の汚染は、原発の半径30km圏に特徴的に見られる。プルトニウム238・239・240とアメリシウム241による最も高い汚染レベル（37キロベクレル／m^2〈1キュリー／km^2〉以上）が観測されたのは、旧マサヌィ居住区（ホイニキ地区）とクラジン居住区（ブラギン地区）であった。

土壌中のプルトニウムとアメリシウムの大部分は地表10cmの層にあるが、砂質のさまざまな形態のジョールンポドゾル性土壌[※39]に限っては、地表20cmの層にあることがわかっている。プルトニウムとアメリシウムは土壌中ではほとんど移動しない。ミネラル土壌には有機土壌と比較して、移動性が高く、吸収されやすい形態の放射性核種がより多く含まれている。土壌中には、移動しやすく、吸収されやすい形態のアメリシウムがプルトニウムよりも多く蓄積される。土壌中の超ウラン核種が水に溶けて結合や解離をしやすい形態で存在する割合は1.1〜9.4％、吸収されやすい形態で存在する割合は2.7〜29％である。

ホットパーティクルの存在

チェルノブイリ原発周辺地域の放射能汚染の特徴は、飛散した核燃料や核分裂生成物の微粒子が炉内燃焼生成物や塵埃の粒子表面に濃縮されてできる、いわゆる「ホットパーティクル」が土壌中に存在していることである。濃縮されたホットパーティクルは、自然環境において徐々に崩壊し、二次汚染源となる。ホットパーティクルから分離した放射性核種は主にイオンの状態[※40]で環境中に放出されるため、移動性が高く、植物に集中的に蓄積される。

一例として、ホットパーティクルから放出されるストロンチウム90が、植物の異常なほどの高レベル汚染の原因のひとつとなっていることが挙げられる。その汚染値は、土壌汚染濃度では格段に高いセシウム137の汚染値に匹敵する。

1.2 被ばく線量評価

事故処理作業員の被ばく線量

1986年、チェルノブイリ原子力発電所事故の事故処理に従事する作業員のために、確定的影響が起こらない250ミリシーベルトの緊急時被ばく限度が適用された。事故処理作業員の一部は被ばく軽減策にもかかわらず線量限度に達する被ばくをしたが、ベラルーシ出身の作業員全体の平均的な被ばく線量はかなり低いほうである（表4）〔参考資料4〕。

表4 チェルノブイリ原発事故事故処理作業員の被ばく線量分布

作業期間(年)	事故処理作業員数(人)	被ばく線量が判明している人の割合(%)	実効線量(mSv)			
			平均値	中央値	75パーセンタイル[※41]	95パーセンタイル
1986	68,000	8	60	53	93	138
1987	17,000	12	28	19	29	54
1988	4,000	20	20	11	31	93
1989	2,000	16	20	15	30	42
1986〜1989	91,000	9	46	25	70	125

甲状腺の被ばく線量（〔参考資料5〕より）

1986年の5〜6月にかけて、ゴメリ州およびモギリョフ州の最も汚染の著しい地区の住民ならびにミンスク市民（20万人）に対し、甲状腺のヨウ素131の蓄積量を実測した。しかし測定者数が少なかったことや、土壌や植物の汚染の実測データが不十分だったため、住民の甲状腺被ばく量について信頼に足る評価結果を得ることはできなかった。

ベラルーシ共和国は、1986年に2万3325の居住区に暮らしていた総計950万人を対象として、年齢別に19のグループに分類したうえで大規模な甲状腺平均被ばく線量再構築を行った。この作業は事故の影響を受けた住民ほぼ全員を対象とし、年齢および居住地域別に実施された。甲状腺の最大の集団線量が2つの年齢別カテゴリで観測されたのは、ゴメリ州とゴメリ市の住民であった（ベラルーシ共和

国全体の集団線量の70％）、最小の集団線量はヴィテプスク州住民であった。

甲状腺被ばくの最大線量（1グレイを超える）の人数が最も多かったのは、若年層である（表5）。1グレイを超える被ばくの実に97％が子どもと未成年者のカテゴリ（調査対象人口の約30％）であり、年齢が上がるにつれて減少する。

表5　甲状腺被ばく線量による住民の年齢カテゴリ別分布

年齢カテゴリ （事故時）	甲状腺被ばく線量（Gy）と住民の割合（％）					人 口 （単位：100万人）
	0〜0.05	0.05〜0.1	0.1〜0.5	0.5〜1	1超	
子どもと未成年者	60.1	19.3	16.3	3.2	1.1	2.7
成　人	81.4	7.3	10.6	0.69	0.01	6.8
計	75.5	10.6	12.2	1.4	0.3	9.5

18歳未満の年齢カテゴリに対する平均被ばく線量評価が示すとおり、甲状腺に最大の線量負荷を受けたのは、ゴメリ州のブラギン地区、ホイニキ地区、ナロヴリャ地区およびヴェトカ地区に住む子どもと未成年者である。成人の甲状腺被ばく線量はこれに比べ格段に低い。

住民の被ばく線量

原発事故が起きた最初の年に、実効線量に最も大きく寄与したのは、土壌や植物に降下した放射性核種による外部被ばくである。この例外ではあるが、セシウム137による土壌汚染が555キロベクレル／m²（15キュリー／km²）未満の地域にある多くの居住区では、被ばくの主要因は汚染された食物の摂取であった。

1986年の夏以降は、食物を介した放射性セシウムの体内摂取が内部被ばくの主要因となった。ストロンチウム90による内部被ばくへの寄与は数パーセントに留まる。プルトニウムやアメリシウムの同位体の呼吸器系からの吸入による内部被ばくへの寄与は1％に満たない。

2009年、年間平均実効線量が年1ミリシーベルトを超えたのは191の居住区で人口にすると4万8000人を超える（表6）〔参考資料6〕。実効線量が年5ミリシーベルトを超えた居住区はなかった（2004年には3居住区が該当）。平均実効線量が年1ミリシーベルトを超えた居住区はセシウム137の汚染が555キロベクレル／m²

(15キュリー／km²)を超える地域である。また、これらの居住区が避難区域(立入禁止区域)に近く、林産物や家畜飼料が汚染されていたことも被ばく線量が高くなった要因と考えられる。

　放射能汚染地域に居住する大部分の人々の1986年から2005年の合計実効線量は、現行の衛生基準(生涯被ばく線量70ミリシーベルト)を超えることはない。「放射線・衛生基準データシート」によれば、現在、住民の集団線量に最も大きく寄与しているのは自然界の電離放射線と医療目的の被ばく(医療用エックス線診断)である。

表6　年間平均実効線量ごとの居住区および住民の分布

年間平均実効線量 (mSv/y)	居住区	住民数(単位:1000人)
1超2未満	165	45.4
2以上3未満	21	2.2
3以上4未満	3	0.01未満
4以上	4	0.5
計	191	48.1

1.3　チェルノブイリ原発事故被害の医学的側面〔[参考資料7]より〕

被ばく者の追跡調査

　チェルノブイリ原発事故の被ばく者を長期にわたり追跡調査するための体制づくりは、ソ連時代の1986年6月にロシア医学アカデミー付属医療放射線研究センター(カルーガ州オブニンスク市)を母体に着手された。

　ベラルーシ共和国では、1993年に保健省付属ベラルーシ医療技術・情報工学・経営経済センターが主体となり、原発事故で被ばくした国民の国家管理台帳が作成された。

　またベラルーシ・ロシア連合国家[※42]の枠組みにおいてチェルノブイリ原発事故被害克服に関する共同活動計画が策定され、1998年に「ロシア・ベラルーシ共

通チェルノブイリ登録台帳」が作成された。両国の放射線・疫学登録台帳に集積されていた医学および放射線被ばくの情報を統一したことで、放射線が原因の疾病のリスク評価、継続的な経過観察や高度な医療支援の提供を必要とするコホート（ハイリスク集団）の特定が可能となった。

1993年以来、放射線・疫学登録台帳に基づいて実施された調査結果によると、ゴメリ州とモギリョフ州のなかの汚染が最も著しい地区では、子どもの白血病の発生増加は認められなかったものの、住民全体にあらゆる形態の慢性白血病の発生増加が認められた。

悪性腫瘍との因果関係

被災者のコホートを現在まで25年間にわたり追跡調査した結果から次のことがいえる。

幼少期や未成年期に放射性ヨウ素で被ばくした人に甲状腺がんが過剰に発生したのは、放射線が誘因と証明された（図1）。

図1　ベラルーシ国民の甲状腺がん罹患率の推移（対人口10万人）

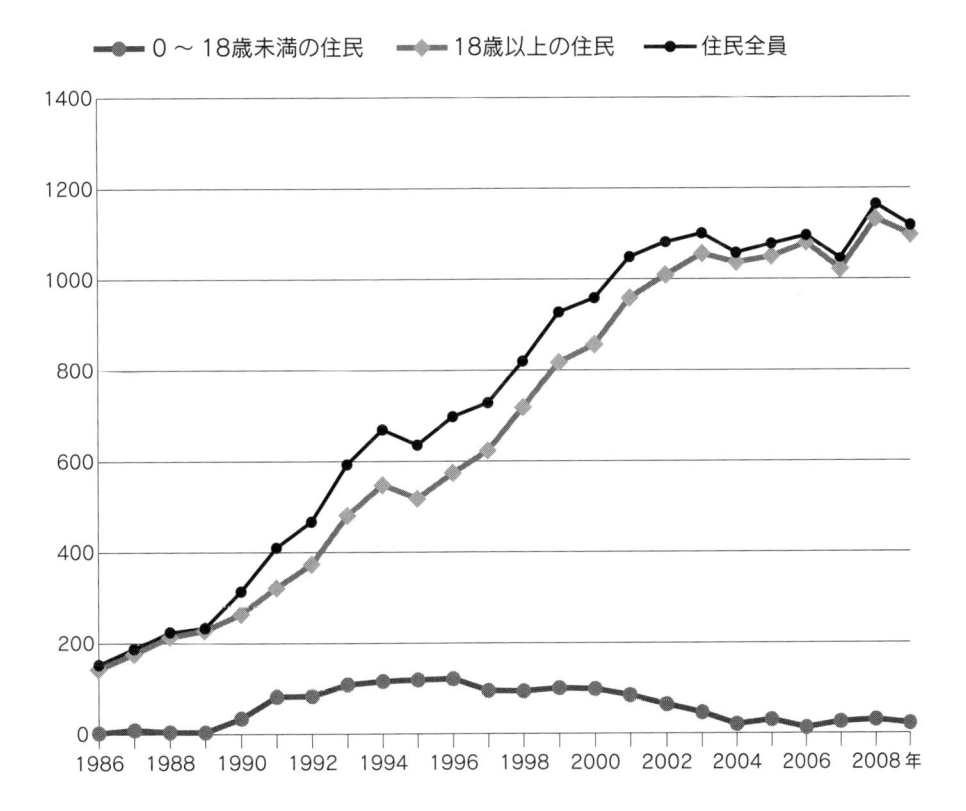

成人の甲状腺がん罹患率は、6倍以上増加している。子ども（1986年当時0～14歳）の発症のピークは1995～96年で、1986年と比較して39倍にも増えている。

　子どもや未成年者だけでなく成人の間でも放射線が甲状腺がんの悪性腫瘍の原因となることや、幼少期に被ばくした人の非腫瘍型の甲状腺異常について確証的なデータが得られた（図2）。

　早期発見や速やかな治療により、甲状腺がんによる死亡は最小限に抑制された。

　今日までの調査研究では、甲状腺がん以外の悪性腫瘍の発生頻度の増加と原発事故による放射線の因果関係は証明されていない（図3）。他方、理論上の最低潜伏期間が経過してからまだ間もないことを考慮する必要がある。

図2　0～3歳までの集団における甲状腺異常の過剰相対リスク（ERR）

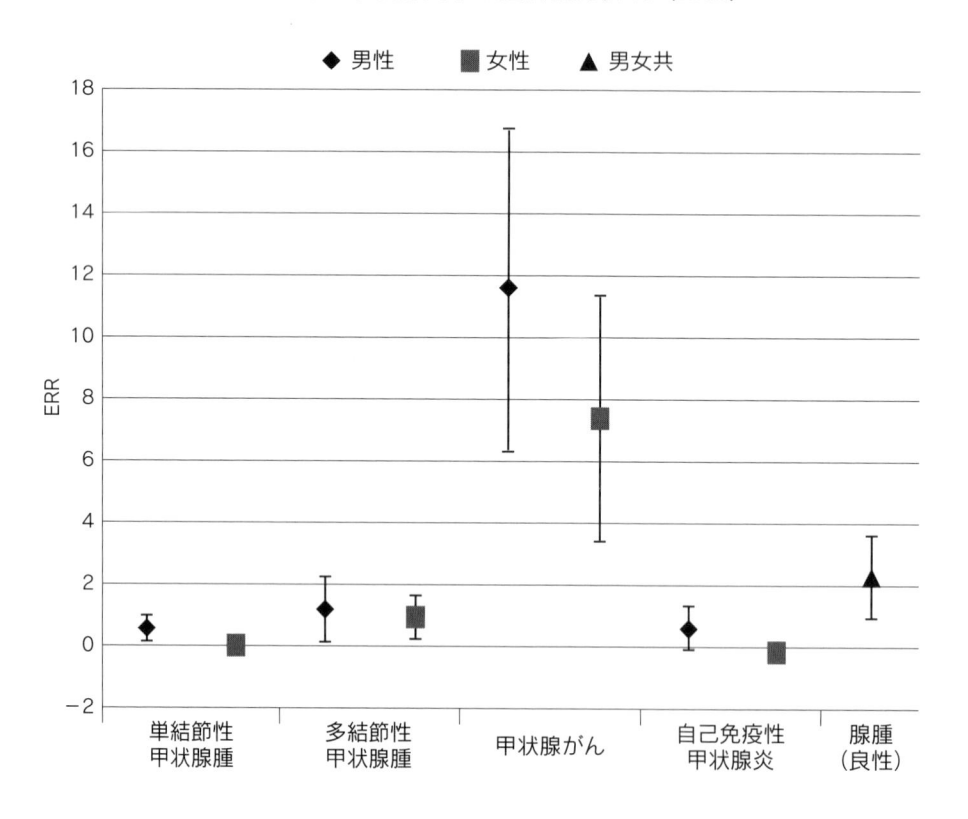

原発事故後の初期に「避難区域」に滞在していた住民集団のデータを分析したところ、事故時に0～18歳だった住民については、罹患者の絶対数が極めて小さいことから統計的に有意ではないが、若年女性に乳がんのはっきりとした増加が

54

見られた（図4）。

　また1993年から現在までの事故処理作業員のがん罹患率は国民全体の平均と同水準であり、男女ともに超過傾向を示してはいない。調査対象の全期間、すべての悪性腫瘍に関する相対リスクは男性が1.05、女性が1.07であった。男女ともに相対リスクがやや超過しているのは、甲状腺の悪性腫瘍が増加したことによる。同じ期間の甲状腺がん発症リスクは男性が5.95、女性が2.95である。この相対リスクの値は主に、幼少期に被ばくした住民グループの罹患に由来する。発症時年齢が15歳以下の子どもの相対リスクは男子が22.4、女子が17.2であった。

　過去5年間では、被災した住民の全カテゴリのなかで、罹患率のはっきりした増加は認められなかったものの（増加率は1.0％未満）、年平均2.0％という有病率の増加が見られる。結果として、有病率と罹患率の相関（比）は2004年の2.4から2009年には2.9まで増加しているが、これは調査対象集団の高齢化と関係して慢性疾患が増えたことによる。この5年間の罹患率の内訳は、ベラルーシ国民全体のものと差異がない。最も大きな割合を占めるのは、呼吸器系疾患に続き、損傷・中毒（8.5％）、筋骨格系・結合組織の疾患（6.2％）の順であった。

図3　相対リスクの推移、第1〜第3グループ、男性、甲状腺がんを除く固形腫瘍

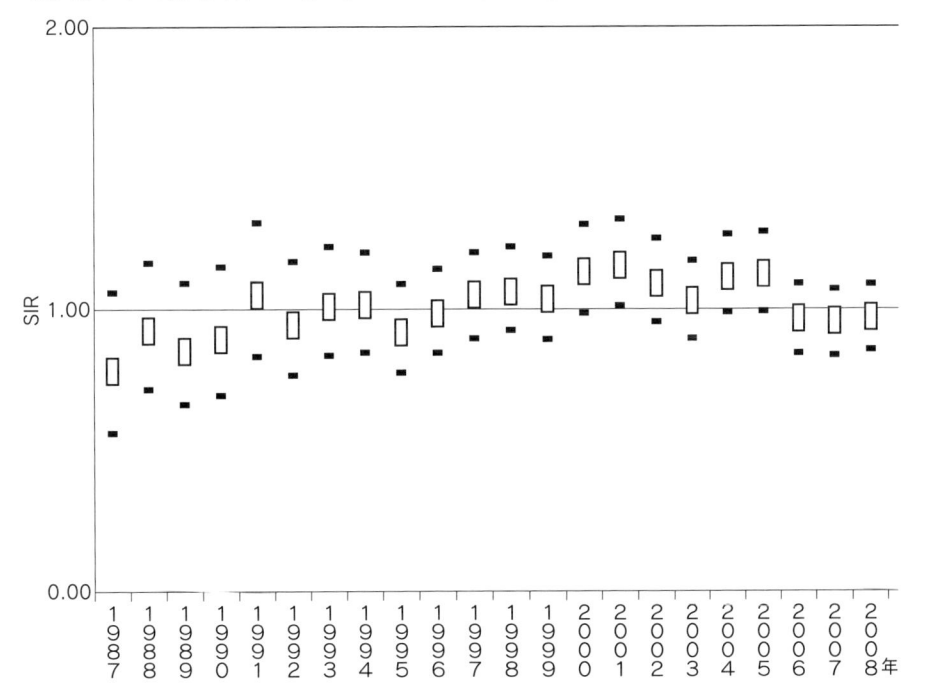

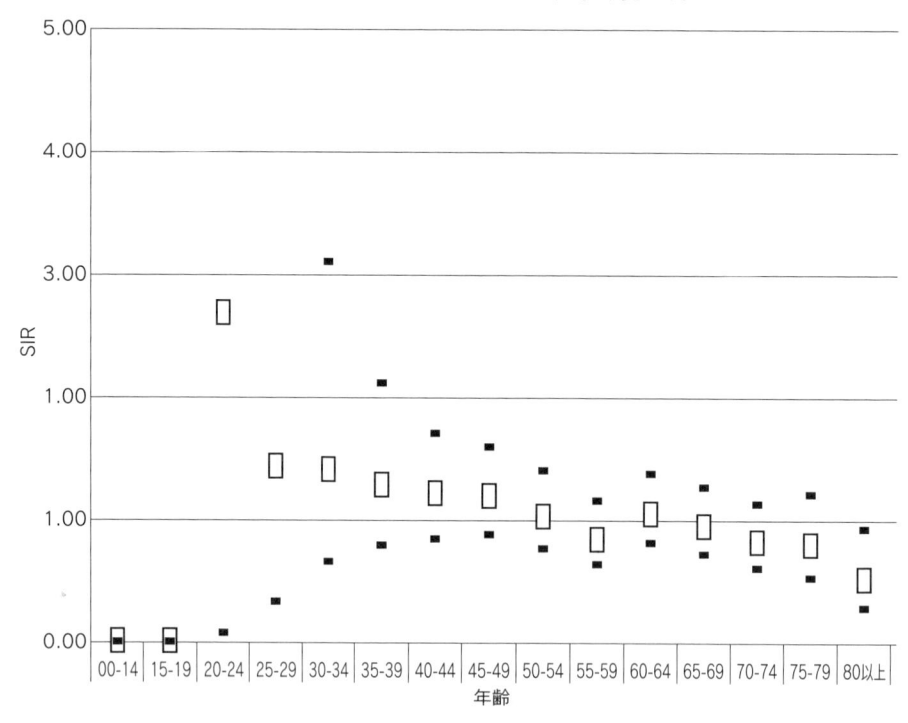

図4　発症時年齢別の相対リスク、第1～第3グループ、女性、乳がん

1.4　住民の避難と移住

半径30キロ圏を中心に避難

　事故発生からまもなく、ベラルーシ政府によって放射能汚染状況の評価と住民の保護に関する施策が計画・実施された。

　1986年4～5月のチェルノブイリ原発事故の住民保護および事故収束に関する一連の施策は、ソビエト社会主義共和国連邦閣僚会議政府委員会と同国保健省の監督のもと実行に移された。最初に、照射線量[※43]率が毎時25ミリレントゲン（≒毎時250マイクロシーベルト）を超える地域（チェルノブイリ原発から半径約10km）からの住民避難が決定された。なお、ベラルーシ領内において当該地域からの避難が実際に開始されたのは5月2日であった（この時点ではまだ子どもと妊婦のみ）。

　その後、線量限度は毎時5ミリレントゲン（≒毎時50マイクロシーベルト）まで引き下げられたが、これはほぼ原発から半径30km圏の地域に該当した。5月2～

5日の第一段階では、ブラギン地区、ホイニキ地区、ナロヴリャ地区の計50村1万1035人が避難対象となった。

6月2〜9日にさらに28村の計6017人、8月末には29村の7327人が移住の対象となった。このように1986年中に、ベラルーシ内の放射能汚染地域のうち汚染の最も著しい107居住区から合計2万4700人が避難した。

避難者の生活基盤の確保

また1986年6月中旬までに、数千人単位の避難者の移転先での生活基盤に関する問題が提起された。これに関してベラルーシ共産党中央委員会と同国閣僚会議は閣議決定第172号「チェルノブイリ原発地域から避難したゴメリ州住民の雇用確保ならびに住居および住民サービスの提供について」を1986年6月11日付で採択した。同決定を踏まえて、党地域委員会と州執行委員会は同年6月末までに以下の事項の確保にあたった。

- チェルノブイリ原発事故の危険地域からの避難者に対して臨時の住居、食事および医療・商業・生活サービスを提供すること
- 避難者に対してその職業や資格に応じて、集団農場、国営農場などの農業関連企業、またはその他の機関での安定した雇用を確保すること

さらに必要に応じ、避難者に対して職業再訓練の機会を与え、訓練期間中は以前の職場と同水準の収入を保障しなければならなかった。

避難者の住宅確保については、農業建設省、ベラルーシ農業建設庁およびポレシエ水利建設庁が担当し、1986年10月までにさまざまな省庁の所有する集合住宅の確保にあたった。また避難者の定住のためゴメリ州の指定居住区に住宅、文化・生活サービス施設、商業施設および公共サービス施設を建設する計画が策定された。全部で3970棟の菜園付住宅の建設が計画され、そのために9000万ルーブルが割りあてられた。ゴメリ州執行委員会には、連邦基金からベラルーシ共和国が受け取ったプレハブ型木造住宅（延べ面積18万m²）に加え、地元産資材を使用した住居建築用木造部品セット（7万m²）が提供された。

関係州の執行委員会とベラルーシ共和国農業委員会は以下の問題解決にあたった。

- 農村居住区へ避難した住民に対して菜園用の土地区画を提供し、耕作を支援すること

● 避難者に対して畜牛の販売および放牧地と（牧草の）採草地の割りあてを行い、必要な場合には飼料を無償で提供すること

被災者への金銭補償

　原発事故被災者に対する補償金支払いに言及した閣議決定は多くなされたが、具体的な制度化は閣議決定第194-13号「チェルノブイリ原発立入禁止区域の居住区からの避難者の金銭的損失に対する補償について」1986年6月26日付によって実現された。

　同決定により、家財、果樹、作物、無保険の家畜、建築物（住宅、菜園小屋、別荘、車庫、納屋）に対する賠償金について定められ、国立銀行には避難者の生活整備のための無利子貸付金が許可された。また就学前児童施設において避難した子どもに衛生基準を満たす給食を提供することも決定された。

　避難者のなかでも最も困難な立場に置かれていたのが、未就学児童を持つ母親であった。母親の多くは子どもから離れることができず、保養施設に滞在を強いられていたからである。この事態を受けて閣僚会議は、1986年8月13日付の指示第645-rs号によって、労働組合の保養所、省庁付属の保養施設などに仮住まいする、未就学児童を抱えた働く女性に対し、原発事故が原因で離職した日からもとの住居に戻れる日まで、あるいは他の地域で新しい住居と職業を得るまでの期間、平均給与を支払うことと、勤務年数を継続して算定することを保証した。

　州執行委員会、関係省庁、企業責任者には、1986年10月1日までにこうした女性に雇用を確保し、その子どもが待機期間なく優先的に保育所へ入所できるよう指示が出された。

追加避難者への補償

　同じ頃、汚染状況の分析が進むと、さらに多くの市民の移住が必要なことが明らかになった。

　1986年8月26日、ベラルーシ共産党中央委員会と閣僚会議は、共同決定第266-17号「チェルノブイリ原発事故による避難者の雇用確保、住居および社会・公共サービスの提供に関する追加措置ならびに金銭的損失に対する賠償について」を採択した。

　ゴメリ州執行委員会の緊急の任務は、1986年8〜9月の間に29の居住区から住民を避難させることであった。これに続いて、州委員会と州執行委員会は、避難者に一時的な住居や食料、医療・商業・生活関連サービスを提供し、関係省庁は

1986年10月1日までに避難者の雇用を確保することに努めた。9月1日から学校が始まることから、それまでに子どもを親の居住地へ返すことも必要となった。さらに移住者用の住居や文化・生活サービス施設を所定期間内に完工するため、書類作成・建設作業にも指示が出された。また果樹や無保険の家畜に対する賠償金額が決定され、就労者およびその家族に対する一律の給付金の支給、家財搬送費の支払い、移住準備および移住先整備の期間の給与支払いも行われた。

他の汚染地域への対策

1986年5～8月の主要な関心は、被害の最も著しい居住区からの住民避難に向けられていたが、これが一段落つくと今度は数十万人が生活する他の汚染地域の問題に真正面から取り組むこととなった。

この問題に関しては、閣議決定第267-18号「チェルノブイリ原発事故により現地農産物の消費が制限されている居住区住民の生活状況の改善について」1986年8月28日付が採択された。

同決定を受けて、116ヵ所の居住区で月30ルーブルの給付金が家族の各構成員に支払われたほか、未就学児童施設における児童預かりや給食の無償提供が実施された。除染作業の実施に伴って損害を受けた市民の財産は、全額補償対象となった。関係省庁は、これらの居住区への牛乳、肉、その他の食料品の供給とともに、飲料水、現地生産・家庭菜園の農産物、他地域から持ち込まれる農産物の安全性に対し体系的な検査を行った。汚染された牛乳や乳製品の流通を防止するため、各州の執行委員会および国家農業委員会は、1986年9月1日までに個人の家畜を畜舎内での飼育に移し、畜産者に対して汚染のない清潔な飼料を提供する体制の整備に取り組んだ。

その後は、「チェルノブイリ原発事故による被災者の社会保障に関する法律」が採択される直前まで、閣僚会議は被災者の社会保障問題や居住区の汚染地域区分に関連する問題を数次にわたり審議し、さらなる住民避難や優遇策がとられた。

こうして、1987年8月19日に閣議決定第273-20号「放射能汚染されたゴメリ州およびモギリョフ州の各地区における住民の健康確保ならびに経済活動の改善に関する追加措置」が採択された。また1989年7月12日付の政府指示第339号によって、除染や農地改良を実施してもソ連保健省が定める個人生涯被ばく線量限度の基準を満たすことができないと見なされた52居住区の住民が移住させられた。さらに、1989年12月22日付の政府指示第578r号によって、牛乳の一部消費制限ならびに必要に応じて個人生産も含め現地で生産されたその他の食物の消費制限の対

象となる居住区リストが承認された。これらの居住区の住民に対しては月15ルーブルの補償金が家族の各構成員に支払われた。

「退去区域」からの移住と自主避難

現在、第一次移住対象区域および第二次移住対象区域からの住民移住措置は完了している。両区域は「退去区域」と呼ばれ、広大な地域に及ぶ。合計471居住区(ゴメリ州295区、モギリョフ州174区、ブレスト州2区)から13万7700人が退去したが、そのうち75％はゴメリ州の住民である。

ここまで述べた計画的移住や避難と並行して、汚染地域から自主避難した住民は約20万人にのぼった。

1.5 経済的損失 〔参考資料8〕より

全産業に甚大な被害

チェルノブイリ原発事故被害の特徴と規模は、ベラルーシの社会・経済発展の過程において重大な不安定要因となった。放射能汚染地域では国民経済の主要なすべての分野が極めて困難な状況に追い込まれた。

最も大きな被害を受けたのは農業であった。農地26万5000ヘクタールが経済活動の対象から外された。農作物の作付面積や収量は著しく減少し、家畜頭数も激減した。

555キロベクレル／m^2(15キュリー／km^2)以上汚染された鉱物や原料などの天然資源の生産地は57ヵ所にのぼる。具体的には、砂の採取場9ヵ所(1億9600万m^3)、窯業用粘土の採取場19ヵ所(600万m^3)、耐火粘土の採取場6ヵ所(4650万m^3)、セメント原料の採取場8ヵ所(8億3500万トン)、石灰用白亜の採取場14ヵ所(8億5350万トン)、石英砂や鋳型砂の採取場1ヵ所(1660万トン)である。

放射能汚染に伴い、推定埋蔵量2530万トンのプリピャチ原油含有層の南部では探査・試掘作業が制限された。

林業も甚大な損失を被った。ベラルーシ共和国の森林のおよそ4分の1(2万100km^2)が放射能で汚染された。汚染地域には約340の工場があったが、その稼働状況は著しく悪化した。最も被害の大きかった地域では住民の移住に伴い、多くの工場や公共施設が操業停止に追い込まれた。

ほかにも多くの企業で生産が減少し、建物、施設、設備、土地改良への投資回収が十分にできずに大きな損害が生じた。燃料や原料を失ったことも大きく影響した。

図5　2015年までのベラルーシ共和国のチェルノブイリ原発事故損害内訳

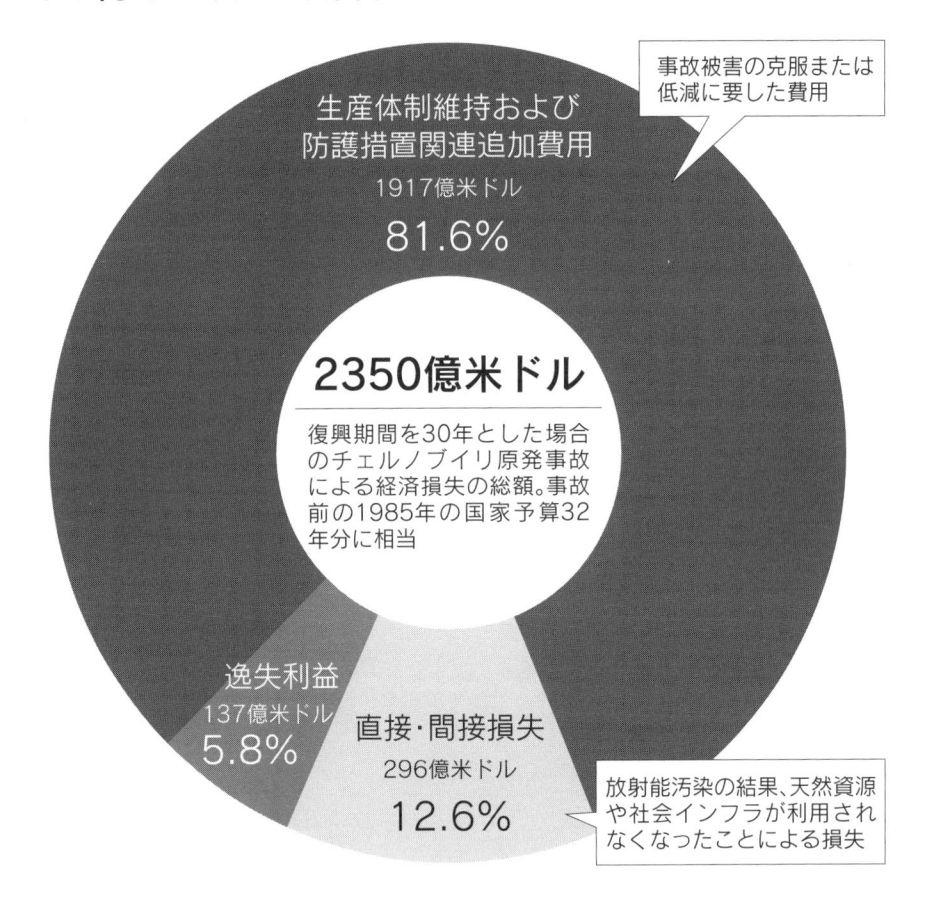

生産体制維持および防護措置関連追加費用
1917億米ドル
81.6%

事故被害の克服または低減に要した費用

2350億米ドル
復興期間を30年とした場合のチェルノブイリ原発事故による経済損失の総額。事故前の1985年の国家予算32年分に相当

逸失利益
137億米ドル
5.8%

直接・間接損失
296億米ドル
12.6%

放射能汚染の結果、天然資源や社会インフラが利用されなくなったことによる損失

損害の内訳

　国立科学アカデミー経済研究所が行った試算によると、チェルノブイリ原発事故による経済損失の総額は復興期間を30年とした場合、2350億米ドルとなり、1985年の国家予算の32年分に相当する。この被害額には、住民の健康被害、工業・社会セクター、農業、建設、運輸・通信および公共住宅関連の損失、鉱物・原料、土地、水源、森林など資源の汚染による損失のほか、事故被害克服・低減施策および安全な生活環境確保のための追加的支出が含まれる。

総損失額の内訳（図5）のなかで、最大の割合を占めるのは、「生産体制維持および防護措置関連追加費用」で81.6％の1917億米ドルである。「直接・間接損失」は約12.6％で300億米ドル、「逸失利益」は5.8％の137億米ドルとなっている。
　「直接損失」は、利用できなくなった国家資産の金額であり、生産財、資本財、社会インフラ施設、住居や天然資源が含まれる。
　「間接損失」に含まれるのは、経済的・社会的要因（生活条件、生活スタイル、住民の健康状態）が影響して生じた損失（その他の国家・組合・個人所有施設の生産の減少あるいは中止、生産性低下、価格上昇、維持困難）である。また汚染地区からの住民の移住による損失も含まれる。
　金銭で表した「逸失利益」を構成するのは、汚染地域における生産、労働およびサービスの減少、放射能汚染で使用できなくなった商品の価格、生産できなかった商品の補填費用、商品の品質低下の弁償にかかる追加費用、契約破棄、事業キャンセル、貸付凍結、罰金、手数料、違約金などによる損害である。

表7　チェルノブイリ原発事故によるベラルーシ共和国の社会・経済的損失のセクター別内訳（単位：10億米ドル）

国民経済の各分野 \ 年	1986〜1990	1991〜1995	1996〜2000	2001〜2015	1986〜2015
保　健	4.05	16.77	18.13	54.32	93.27
農　業	18.3	20.0	15.6	18.1	72.0
林　業	0.58	0.68	0.70	2.15	4.11
工　業	0.06	0.13	0.11	0.33	0.63
建設業	0.15	1.25	0.32	0.96	2.68
鉱物、原料、水資源	2.00	0.12	0.15	0.40	2.67
輸送・通信	0.93	1.20	0.36	0.90	3.39
社　会	2.84	5.45	2.96	6.45	17.70
汚染地域除染	0.04	4.19	22.48	10.12	36.83
環境放射線モニタリング	0.05	0.21	0.19	1.27	1.72
合　計	29.00	50.00	61.00	95.00	235.00

「追加費用」とは、放射能汚染地域において、事故被害を克服し、経済の各分野を正常に機能させるための費用であり、住民が安全に生活を営むための環境整備費用も含まれる。さらに、原発事故による否定的要因に対する被害補償も含まれ、具体的には損失や逸失利益の補償にあてられる追加財源、除染作業や環境放射線モニタリング体制構築のための費用が挙げられる（表7）。

長期に及ぶ復興プロセス
　この損失評価は最終的なものではない。なぜなら、放射能汚染が生活のさまざまな側面へ与える影響の因果関係はそれほど単純ではないからである。現在の科学は、チェルノブイリ原発事故の医学・生物学的、社会的および環境学的影響に関して十二分な情報を有してはいない。
　総じていえば、チェルノブイリ原発事故の汚染地域は極めて困難な社会・経済的状況に直面した。こうした条件下では、復興プロセスは長期に及ばざるを得ないが、それは安全な居住環境を整備するのと同時に、放射能汚染下でも公衆の健康を損なわずに操業できる経済セクターを発展させながら、国民経済が失った活力を段階的に取り戻していくということにほかならない。

第2章

チェルノブイリ事故被害克服アプローチの進化

　ソ連崩壊後、ベラルーシ政府は独自に事故対応に取り組んできた。現在は、緊急時、復興期を経て、社会・経済の持続的発展に向けた施策をとっている。

　複雑・多面的な事故被害を克服するにあたり、重要となるのが、科学的かつ体系的な諸問題へのアプローチである。この章では、科学支援体制、法制度、国家政策や国際協力などの変遷が紹介される。

●科学支援：
被害対応の意思決定に科学的根拠を与えるため、研究基盤を構築し、人材も育成した。主な特徴は次のとおり
①最大の被災地へ研究資源と資金を集約
②正確な影響評価や放射線管理のため高性能な放射線計測機器を開発・導入
③健康観察制度など予防医療を重視し、住民の健康を維持
④作目転換計画により安全基準を満たし採算のとれる農産物を生産

●被災者に対する社会保障法の整備：
基本法を制定したうえで、体系的な法整備を行っている

●国家政策：
課題の優先順位を数年ごとに見直し、国家計画にしたがって長期的・計画的な対策を講じている

●国際協力：
同じ被災国のロシアと協調行動をとりながら、国連機関や諸外国の支援を受けてきた。現在は、人道支援の受益国からパートナー国へと質的に変化

●住民参加：
被災地域の持続的発展のため、住民が自ら生活環境の改善プロセスに参画することを重視している

2.1 チェルノブイリ事故被害克服の科学的基礎

科学支援の必要性

　1986年当時のベラルーシ共和国には放射線生態学（radioecology）、放射線生物学（radiobiology）、放射線医学（radiation medicine）、農業放射線学（agricultural radiology）の研究者は皆無に等しかった。したがって、事故直後の現実的な状況評価や住民の被ばく低減対策はソ連の研究者の功績に負うところが大きい。

　事故発生後の優先課題は、住民の放射線被害の低減を目的として、放射能汚染状況の評価を行い、緊急対策案を策定してチェルノブイリ原発事故被害問題政府委員会に提示することであった。この作業には、国立科学アカデミー、保健省、国家農業委員会、教育省など関係機関の研究者が参加した。

　事故当初数年間の調査結果は、汚染の最も著しい地区の住民移住、新しい居住区の建設候補地の選定、食物や飲料水の放射性核種濃度基準の厳格化、さまざまな形態の経済活動の禁止や制限に関する政府決定を行う際の根拠となった。

専門研究機関の設置

　しかし事故被害低減のためには、緊急対策だけでなく、長期的視野に立った科学的根拠に基づくアプローチの策定が求められることは明らかであった。専門研究機関の設置と人材養成の早急な必要性に迫られた政府は、ベラルーシ国内に科学アカデミー付属放射線生物学研究所および放射線生態問題研究所（ミンスク市）、保健省付属放射線医学研究所（ミンスク市）ならびに同研究所のヴィテプスク州、ゴメリ州およびモギリョフ州各支部、農業食糧省付属農業放射線学研究所（ゴメリ市）（現在の非常事態省付属科学研究単一企業「放射線学研究所」）を設立した。この過程で起こったさまざまな問題の解決には、必要な専門家や設備を有するほぼすべての研究機関や大学が動員された。主な機関としては、科学アカデミー核エネルギー研究所、ベラルーシ国立大学、国立土壌学・農業化学研究所があるが、ほかにも多くの組織が参加した。

　当時の世界における原子力事故被害対応の経験では、これほど大規模な問題を解決する決定的な方策を提示することは不可能であったため、チェルノブイリ原発事故被害対応問題の総合研究計画が策定・承認された。

　この計画には次の4分野の研究開発が盛り込まれた。

①生態系の放射能汚染の研究。汚染の影響についての遺伝学的、生理学・生化学的評価
②放射性核種による環境汚染下での農業技術・方法の開発
③放射線が人体の機能体系、病気の発生や経過に与える影響の研究。
　診断および治療方法の開発
④環境および特定施設の放射能汚染低減技術の開発。
　放射能測定・放射線モニタリングの方法・技術の開発

　この計画のもとに各研究機関の取り組みが結集された結果、個別の課題への対処を越え、体系的な研究への移行が進んだ。計画は、科学アカデミー付属の18の研究所のほか、保健省、国家農業委員会、教育省などの国家機関に属する20以上の研究機関や大学の参加によって実施された。さらに、この国レベルの計画が基礎となって、その後継となるチェルノブイリ原発事故被害対応に関する科学研究総合計画が策定された。

　これと同時に、国内の放射能汚染のモニタリングおよび予測に関する計画も作成・承認された。

研究成果の蓄積

　放射能と環境に関して包括的な評価が行われ、さまざまな生態系における放射性核種の存在形態と主な移行経路が解明された。また人体機能や住民の疾病率への影響に関する最初の研究結果が得られ、治療や予防のための一連の対策が実施された。放射能汚染下での農業経営や合理的な資源利用に関しても多くの提言が作成され、環境中の対象物の除染や放射性核種の除去方法が提案された。今後数年間の放射能汚染の動態予測も行われた。

　研究の成果は、各種防護措置の実施、汚染地域の居住に関する指針策定、食物や飲料水の放射性核種濃度に関する一層厳格な基準の採択、被災地域でのさまざまな経済活動の禁止・制限における根拠となった。これらの施策は1990年から1995年に向けたチェルノブイリ原発事故被害対応に関する国家計画策定の基礎となった。

　同計画には特別章が設けられ、実施施策に対する科学的支援が規定されている。科学研究の調整を目的として、1989年12月13日にベラルーシ共和国閣僚会議幹部会科学技術発展委員会によって調整会議が設置された。

　1990年から1995年にかけて実施された科学研究は、チェルノブイリ原発事故が、放射線学や放射線生物学の観点において、あるいは経済や社会に対して、いかな

る被害をもたらしたかを評価し、必要な防護措置を決定する際の根拠となった。1992年には、汚染地域居住区の住民被ばく線量台帳が作成され、これによって医学・衛生学上の対策の方向性がより明確となった。

科学技術計画に基づく放射線測定器の開発

　チェルノブイリ原発事故被害対応に関する各種計画、「チェルノブイリ原発事故による被災者の社会保障に関する法律」、「チェルノブイリ原発事故による放射能汚染地域の法的地位に関する法律」を実施するために放射線モニタリングシステムの開発が必要となったが、それに伴って放射線測定器の新たに要求される性能が明らかとなった。既存の電離放射線測定器では、汚染地域の放射線モニタリングの諸課題に対応できなかったからである。また食物、原料、飲料水に含まれる放射性セシウムや放射性ストロンチウムに対する広範な検査も新たな課題として顕在化した。

　これらの課題を解決するため、1990年にベラルーシ共和国政府は1991年から1995年に向けた「放射能・線量測定用機器および設備の開発・生産に関する共和国科学技術計画」（RNTP18.02r）を採択した。

　計画の主な内容は、国内の放射線管理に関する次の3つの主要課題を解決する機器の開発および生産であった。

　第一は、すべての種類の食品原料や商品を対象とした放射能検査である。飲料水、食物、農産品、医薬品原料などに対する天然および人工のアルファ線・ベータ線[※44]・ガンマ線放出核種の大規模な検査を含む。

　第二は、自然環境の包括的な放射線モニタリングである。

　第三は、人間の外部・内部被ばく線量管理である。

　こうして開発された測定器の使用によって、大規模な放射能測定だけでなく、さまざまな性質の試料の微弱な放射能をスペクトル測定[※45]できるようになった。

　上に述べた科学技術計画（RNTP18.02r）の課題にしたがって、約4000台のガンマ線・ベータ線測定器、200台以上の業務用ガンマ線量計、そして10台以上の高分解能スペクトロメータが設計・生産され、国内の放射線モニタリングネットワーク構築に向けて供給された。また住民放射能検査移動式ラボが実用化されたほか、大型家畜の筋組織中の放射性セシウムの比放射能[※46]を生きたまま測定できる車載式放射線モニタリングポストが開発された。大部分の測定機器はロシア、バルト三国、オーストリアなどに輸出され、科学技術計画で開発された新型シンチレータ[※47]は入札を経て、欧州原子核研究機構（CERN）で物質構造を解明するための

大規模な試験に使用されている。

「国家計画1996～2000年」：放射線防護と住民の健康維持

　チェルノブイリ原発事故被害対応に関する「国家計画1996～2000年」における科学的課題の解決は、国内・国際学会にとって研究・実践上の極めて新しい重要な成果をもたらした。

- さまざまな生態系での放射性核種の状態と移行について研究を行った結果、環境中の放射性核種の挙動や食物連鎖への移行に関する従来の国際的モデル理論を見直す必要性が示された。また、その研究結果は合理的な自然資源の利用に関する提案や管理者が決定を行う際の基礎となった
- 被災地域の住民の健康状態の評価が行われ、病気の診断、治療、予防の方法・手段が開発された
- 個人・集団線量の低減ならびに食品、飲料水および林業製品の放射性核種濃度基準を定める規制文書の策定に向けた放射線防護施策に科学的根拠が与えられた

　内部被ばく線量を規制するため、「RPL-96（食物および飲料水の放射性セシウムおよび放射性ストロンチウム濃度国家基準値1996年）」が採択されるのとともに、『ベラルーシ共和国の放射能汚染土壌における農業生産に関する手引き（1997～2000年）』に含まれる農業生産技術の改良が行われた。

　さらに、除染作業や放射性廃棄物取り扱いの実施体制、手順および安全対策に関する規制文書や手引書が作成された。主なものとして、「除染およびチェルノブイリ原発事故処理作業によって発生した放射性廃棄物取扱規程」、「チェルノブイリ原発事故由来除染廃棄物の分類規則」および「除染廃棄物取り扱いに関する衛生基準」がある。

　実践的な使用を想定して次の機器やシステムなども開発された。

- 放射性廃棄物・除染生成物固定化装置：低・中レベル液体放射性廃棄物の処理（濃縮・固形化）機能がある
- 森林火災監視のための自動遠隔赤外線監視システム
- ゴメリ州の汚染地区向けの種まき・収穫コンバイン「KSK-100」：マルチ燃料型で、環境負荷低減エンジンを搭載する
- 泥炭火災の局地化と消火用の化学消火剤：泥炭の焼失面積を削減し、燃焼生成物と

ともに飛散する放射性核種を低減できる
- 血清・血漿（けっしょう）中の抗体に対する抗原を定量する酵素免疫測定法（ELISA）試薬キットのラボ製造技術：甲状腺がんスクリーニングに使用される

　これらの研究開発による成果としては、被災者の被ばく線量の著しい低減、被災者への医療サービスの改善、放射線・生態環境や医学・生物学的影響の将来予測、最も効果的な技術・機材の導入、住民への情報提供、チェルノブイリ原発事故被害の低減・克服に関する国家計画の優先分野および予算投入の迅速な調整が挙げられる。

　こうした包括的な研究によって、「原発事故被災者・地域の再生に関する基本方針」や「放射性核種汚染地域・居住区の再生に関する計画の基本方針」が策定された。これらの基本方針は、「国家計画2001～05年」の基礎となった。

放射線計測機器製造分野の発展

　1997年以降、ベラルーシでは国家科学技術計画「放射線・生態の安全を目的とする技術・機材の開発および導入」（略称「放射線生態」）が実施されてきた。目的は、生態モニタリング・放射線安全システムのハードとソフトの整備であった。

　同計画の主な成果は、非常事態警報システム用新型計器の開発およびシリーズ生産、自然環境モニタリングシステム用装置の開発である。また放射線モニタリングネットワーク用機器のシリーズ生産では、アルファ線測定器、ベータ線スペクトロメータ、医療測定用のエックス線（パルス・連続モード）・ガンマ線測定器が開発された。

　また国家科学技術計画「放射線生態」の課題にしたがって、20種の新型機器や装置が試作され、放射線モニタリングシステムで使用できる12の技術が開発された。

　結果として、計28種類の機器が約2000台生産・販売された。これらは金額にして総額150万米ドル以上となり、研究開発や試作設計に要した費用を回収した。

　2001年から2005年にかけてベラルーシでは国家科学技術計画「放射線安全」が実施されたが、これは科学技術計画（RNTP18.02r）および「放射線生態」の2つの国家科学技術計画を理論的に継承するものであった。この計画は、「住民の放射線安全に関する法律」が提示した課題の解決のための機材・技術の基盤整備を目的とした。どんな先進国であれ、この類の法律を実施するにはさまざまな課題がつきまとう。チェルノブイリ原発事故の最大の被災国であるベラルーシにとっては、

これらの課題はとりわけ特別な意義を持った。

同計画により、2つのユニークな設備が開発された。分析用ベータ線・ガンマ線ホールボディカウンタ（Expert Beta-Gamma Human Radiation Counter）[※48]と空気中ラドンの放射能濃度測定用基準施設である。このほかに、新世代型機器4種、技術理論4件が考案されている。

このような一連の科学技術計画の実現によって、ベラルーシには放射線計測機器製造という新たな製造分野が誕生した。また研究・生産のレベル維持、放射線モニタリングシステムのための設備・方法論・計測学の基盤整備、放射線安全上の新たな課題解決のためのハード・ソフト両面の基盤確立にも貢献した。

「国家計画2001～05年」：長期的影響の研究

チェルノブイリ原発事故の長期的な影響を研究する段階に移行すると、新たな必要性から「国家計画2001～05年」における研究関連の目標は一層拡大され、以下の分野が特定された。

- 放射性核種汚染地域の土壌再生および農業生産における汚染対策への科学的支援
- 原発事故被害の医学的問題の解決に対する科学的支援
- 原発事故被害の放射線生物学・放射線環境学上の長期的課題の解決

これらの研究成果に基づき、「チェルノブイリ原発事故被災者・地域の再生に関する基本方針」、「土壌の放射能汚染下における農業生産の実施に関する勧告」、「放射性核種で汚染された菜園の食物生産に関する勧告」などの重要な文書が作成・承認され、実践活動において広く活用されている。

農業生産の改善

これらの勧告を導入した結果、2001年から2005年にかけて、セシウム137が基準値を超える牛乳生産が公共セクターでは18％に、民間セクターでは58％に減少したほか、食肉加工場からの家畜の返却も2分の1に減少した。

法定汚染がなく採算のとれる農産物を生産するための新たなアプローチが定められ、その方法論や複合的再生計画が策定された（ゴメリ州のチェチェルスク地区、ブラギン地区およびヴェトカ地区。モギリョフ州のブィホフ地区、クリモヴィチ地区、クラスノポリエ地区、コスチュコヴィチ地区、スラヴゴロド地区およびチェリコフ地区）。最も汚染が著しいゴメリ州とモギリョフ州のために策定され

た作目転換計画の実施は、放射線の問題を解決しただけでなく、農業生産の経済性の向上にもつながった。

また問題となっている農場において食糧目的の穀物を畑や菜園に最適配置したことで、「RPL-99（食物および飲料水の放射性セシウムおよび放射性ストロンチウム濃度国家基準値1999年）」のストロンチウム90濃度基準を超える食糧用穀物の生産を著しく抑制することができた。

放射能・生態の総合モニタリング調査の成果

整備された基準サイト[※49]・ネットワークを利用して、土壌、水系、大気、植物および動物の放射能・生態の総合的なモニタリング調査が毎年実施されている。これにより生態系におけるセシウム137、ストロンチウム90、超ウラン核種の分布、蓄積、移動に関する基本的な法則性が解明された。またセシウム137、ストロンチウム90、プルトニウム239・240による汚染分布図も定期的に見直されている。さらに、放射能汚染地域における森林利用システムが構築・導入された結果、法定汚染のない木材および木材製品の内外市場向け生産が確立された。

健康観察制度と甲状腺がん治療

「チェルノブイリ原発事故被災者に対する医療サービスに関する基本方針」も策定された。その骨子は、被ばく線量に応じて観察コホートを絞り込み、放射線リスクが高い集団を特定することによって、健康観察制度を最適化し、その費用対効果を向上させることであった。

治療法の開発によって、局所進行型甲状腺がん患者の再発頻度は3.2％まで低下した。また甲状腺がんの遠隔部位への転移が見られた患者に対して放射性ヨウ素内用療法[※50]を行ったところ、55.5％のケースで症状が緩和され、死亡率は0.9％まで低下した。

最大の被災地へ研究を集積

2003年4月14日付の大統領指示09/124-228号を実施するため、さまざまな計画の研究資源と資金がゴメリ市に集中的に投下された。

具体的には、汚染地域の再生に関する研究は国立科学研究単一企業「放射線学研究所」が行い、同研究所を母体として国立科学アカデミー土壌・農業科学研究所の地域支部が設立された。

また医療分野の研究活動は国立放射線医学・人間生態研究センターに集められた。

放射線生物学および放射線生態学の基礎研究は放射線生物学研究所の担当とされ、2003年4月17日付の国立科学アカデミー幹部会決定によって同研究所はゴメリ市に移転した。

汚染地域の農業再生
　科学的に解決された重要な問題として、農産物生産に関する一連の勧告の作成が挙げられる。これらの勧告によって、汚染地域で生産される農産物の放射性核種濃度は基準値を下回るようになり、概念・方法論レベルにおいて汚染地域再生の問題について詳細な検討が可能となった。さらに、このために構築されたデータベースを利用して、ゴメリ州（13地区）、モギリョフ州（12地区）、ブレスト州（3地区）の汚染地区における「社会・放射線データシート」が毎年更新されている。

科学的根拠に基づく防護措置の経済効果
　新たな研究開発の導入効果に関する分析には、集団予防線量（averted collective dose）の一般概念を用い、防護措置に要した費用と社会的便益が比較された〔参考資料9〕。1986年から2005年までのベラルーシ共和国の被災者の被ばく線量は、予測被ばく線量17万6000人・シーベルトに対し、対策の結果、実際は2万4000人・シーベルトであった。したがって、集団予防線量は15万2000人・シーベルトとなる。住民の実効線量単位当たりのがん死亡率の国際係数ならびにベラルーシ国民のすべての原因による年間死亡率、平均月給（米ドル換算）および年間平均生活費に関する統計分析省のデータを踏まえると、科学的根拠に基づく防護措置の実施によって住民の健康面で予防できた損失は、金銭換算で452億米ドルと試算される。同じ期間中にチェルノブイリ原発事故被害克服にかけられた費用は約180億米ドルであることから、住民の健康に対する放射線の影響を防止したことによる経済効果は約270億米ドル以上と試算される。
　研究開発の社会的効果は、公共・民間セクターの生産物の放射性核種汚染の低下、住民への汚染地域安全生活規則の周知、国家機関による国家計画の事業策定および実施効率の改善に現れており、究極的には住民の被ばく線量の低減につながっている。

「国家計画2006〜10年」：活動分野の集約化
　「国家計画2006〜10年」における科学研究は、その効率や実践性を高めるため、次の分野に集約された。

- 放射性核種汚染地域の再生に取り組み、農業生産における各種防護措置を
  実施すること
- 事故の影響による医学的問題を解決すること
- 事故の放射線生物学・放射線生態学的影響による長期的課題を解決すること

　これらの分野の研究拠点となったのは、国立科学研究単一企業「放射線学研究所」、国立放射線医学・人間生態研究センター、国立科学アカデミー放射線生物学研究所であり、主要な課題は次のとおり特定された。

- 放射性核種汚染地域で競争力ある農産物を生産するための重点計画を策定し、
  そのための科学的支援を行うこと
- 法定汚染のない多様な農産物を生産するため、農業化学・農業技術分野の
  対策・技術を開発すること
- 地域別土地利用最適化計画のための技術アプローチを策定すること
- 住民退去区域および農業生産の対象から外された土地の維持・活用に関する
  戦略を策定すること
- 放射能汚染状況の変化や各種防護施策を考慮し、放射線モニタリングシステムを
  さらに最適化すること
- 健康の主要指標（疾病率と死亡率）の傾向を把握し、原発事故との因果関係を
  検証すること
- 放射線を原因とする疾病の治療の効率性を向上させること
- 機器による放射性核種濃度の測定件数を最適化し、被ばく線量寄与メカニズムの
  評価を通じてクリティカルな地域・住民集団を特定することにより、
  被ばく線量モニタリングを改善すること
- 原発事故と関連するすべての線源からの被ばく線量を過去に遡って評価し、
  推定すること
- 放射能汚染地域での自然資源利用最適化のため科学的根拠に基づく体系的施策を
  策定すること

　国家計画による成果のなかで最も重要なものとしては以下が挙げられる。

- 2011年から2015年および2020年に向けたチェルノブイリ原発事故被害対応
  国家計画（「国家計画2011～15年」）の基本方針

- 2011年から2015年に向けたベラルーシ共和国の放射能汚染された土地における農業に関する勧告
- 2011年から2015年に向けた汚染地域の農業化学上の防護措置
- 放射能汚染地域内居住区の住民の年間平均実効線量のカタログ化
- 甲状腺がん患者の治療後の経過予測
- 甲状腺がん再発患者の治療と甲状腺がん診断に関するマニュアル作成
- チェルノブイリ原発事故により被ばくした国民の国家登録台帳の整備

　科学研究の諸成果において、最も広く実践されているのは、農業生産分野における研究開発であった。それに助けられて、国家機関は現行基準を満たす農産物の生産体制を最小のコストで構築し、最大の効果を上げている。

「国家計画2011～15年」：新たな知見

　「国家計画2011～15年」は科学的支援として次の事項の実施を規定した。

- 被災者の診断、治療、リハビリに関する新手法を開発すること
- 放射線防護措置を実施するため、チェルノブイリ原発事故以降の長期にわたる住民の被ばく線量の予測評価方法を改善すること
- 農業化学上の防護措置の経済的合理性を踏まえ、セシウム137とストロンチウム90の農産物への移行を最小化する土壌肥沃度指標を根拠づけること
- 汚染地域で安全な生活を送るための諸原則を確認するため放射線生物学および放射線環境学の両分野において新たな知見を得ること

科学の果たす役割

　現在までにベラルーシ共和国には必要な研究分野が確立され、国内に人材も抱え、研究設備の基盤も整備された。今では、ロシアやウクライナの研究者も、被災地域の再生問題に取り組むベラルーシの研究陣の存在を認めるまでになった。

　科学的支援の主要な目的は、チェルノブイリ原発事故被害対応の重点課題および施策の形成に関して管理的意思決定を行う際の科学的根拠を提供することであり、これらの決定は閣僚会議によって承認される。

　原発事故被害の克服は、住民および土地の防護という長期的かつ複合的な問題を抱えており、こうした問題は世界の経験に照らしても類を見ないものであった。そのため、状況の継続的監視、課題設定やその解決方法、具体的な施策立案といっ

た各局面で厳格な科学的アプローチが求められた。世界の研究者も認める問題の複雑さと多様さゆえに、ハイレベルの科学研究が必要となるのである。

このように科学研究は、事故後の全期間にわたり、チェルノブイリ原発事故被害対応に関する施策の立案、計画、実行、現場調整を体系的に支える手段であり続けるだろう（表8）。

表8　ベラルーシ共和国のチェルノブイリ原発事故被害対応のための科学的支援の主な段階と特徴

期間（年）	科学的支援	特徴
1986〜1987	緊急的課題の実施	●非常時対策 ●当時の世界における原子力事故被害対応の経験では、これほど大規模な問題を解決する決定的な方策を提示することは不可能
1988〜1992	チェルノブイリ原発事故被害対応に関する総合研究計画の策定	●専門研究機関の設立 ●体系的な計画的研究への移行 ●汚染地域における生活・経済活動のすべての段階へ科学的支援を提供
1993〜1995	国家計画に施策の計画や実施の手段となり得る科学関連特別章を盛り込む	●膨大なデータや独自の実績資料の蓄積 ●チェルノブイリ原発事故による放射線生態学・放射線生物学・経済・社会的影響の評価
1996〜2000	放射線・生態安全、除染技術、放射性廃棄物の処理と埋設処分、専用薬剤や食品添加剤の開発のためのソフト・ハードの開発および導入	●放射線防護と住民の健康維持の重点化 ●開発技術を幅広く実地へ導入
2001〜2005	科学的支援の目標の一層の拡大。研究開発成果の導入に関する計画の策定および実施	●長期的影響へ移行 ●経済・社会的効果の科学支援に対する新たな条件が課せられる ●法定汚染がなく採算のとれる農産物生産のための新たなアプローチの決定（作目転換計画）
2006〜2010	チェルノブイリ原発事故で最も著しく被災したゴメリ州（ゴメリ市）へ国家計画の研究資源と資金を集約	●活動分野の集約化 ●開発製品の効率性向上 ●原子力事故の際の被害低減策の確立および実施に関する経験獲得

2.2 チェルノブイリ法制
チェルノブイリ原発事故被災者の社会保障システムの変遷

ソ連時代の規則

　チェルノブイリ原発事故発生当時、ソビエト連邦には、このような大規模な放射線事故が起きた場合の市民の社会保障、汚染地域の法的地位、住民の避難、補償金支払いなどについて規定する法令が存在しなかった。他方、住民の保護、住民や財産の避難、手当や補償について迅速な対策を行う必要があったことから、これらの問題はソ連共産党中央委員会、ソ連閣僚会議、全ソ労働組合中央会議などが規則を採択する形で解決が図られ、ベラルーシ社会主義共和国の相当する機関はこれらの決定事項を踏襲した。また住民避難のような重要な決定は、文字通り数時間以内に行わなければならなかったため、ソ連閣僚会議政府委員会、ベラルーシ共産党中央委員会、ベラルーシ社会主義共和国閣僚会議およびゴメリ州執行委員会のレベルで採択された。

　1986年から1987年の期間だけで、約90ものチェルノブイリ原発事故被害対応関連の規則が採択され、当時のベラルーシ社会主義共和国内で施行されていた。

ベラルーシ共和国の法律

　関連規則は年々増加したが、1991年になってようやく、ベラルーシ社会主義共和国において、当時までに蓄積された法令全体を包含する法律が成立する。これは、他の最も著しく被災したソ連構成共和国（ロシア・ソビエト連邦社会主義共和国およびウクライナ・ソビエト社会主義共和国）に先駆けてのことであり、ソ連でも初めてのことであった。1991年2月に「チェルノブイリ原発事故による被災者の社会保障に関する法律」〔参考資料10〕が成立し、それに続いて「チェルノブイリ原発事故による放射能汚染地域の法的地位に関する法律」〔参考資料2〕が成立した。さらに1998年には、ベラルーシ共和国国民議会によって「住民の放射線安全に関する法律」〔参考資料11〕が採択された。

　これほどの規模の大惨事を伴う未曾有の事態においては、さまざまな問題の解決にあたって通常時とは異なるアプローチが要求されたが、法律の制定もその例外ではなかった。例えば、「チェルノブイリ原発事故による被災者の社会保障に関する法律」は、それまでにまったく存在しなかった多くの規制について定めたものである。同法は、ほかのチェルノブイリ関連法を作成する際の基本法の位置を占めた。同法は被災者の社会保障に関する体系全体の土台となり、その後のすべ

ての法令は同法に整合性をとるかたちで採択された。また時代の変化に伴って法制も相応の変遷を経た。いくつかの法律間で矛盾する規制が現れはじめ、規制の重複や、状況に応じて規制自体の変化も見られるようになった。法律が定めた条項のなかには予算上の理由から施行されない条項もあった。例としては汚染地域に居住する市民の年金受給開始年齢の引き下げが挙げられる。

2007年、「国による特定カテゴリの市民に対する福祉手当、権利および保証に関する法律」の成立に伴い、市民の社会保障の体系全体が大きく変化することとなった。社会保障政策においては、生活困窮状態にある市民（家族）に対するニーズに応じた社会福祉の提供、自立した住民のための社会・労働活動の環境整備が主要な課題となった。

2009年、「チェルノブイリ原発事故およびその他の放射線事故による被災者の社会保障に関する法律」〔参考資料12〕が施行された。この法律は、チェルノブイリ原発事故被災者に対する社会保障の基本的アプローチを変更するものではなく、同法成立時に施行されていた当該問題に関係するすべての法令と整合性をとったものであった。

2.3　事故被害克服に向けたプログラム型・目標指向型アプローチ

国のチェルノブイリ関連計画：さまざまな段階の課題と優先順位

ソ連時代：緊急対策

　チェルノブイリ初期の作業経験は、チェルノブイリ原発事故被害に体系的に対応する必要性を示唆した。1989年3月22日、ベラルーシ・ソビエト社会主義共和国共産党中央委員会と同国閣僚会議は、1990年から1995年および2000年に向けたチェルノブイリ原発事故被害克服に関する国家計画（プログラム）策定に関する決定を採択した。

　この国家計画は1989年7月に策定され、ベラルーシ・ソビエト社会主義共和国最高会議第11会期で承認された。同会期は、ベラルーシ共和国が「国家環境災害ゾーン」であることを宣言した。国家計画は、最終的に1989年10月の最高会議第12会期で成立した。同計画の骨子は主に次の施策から成る。

● 被ばく線量を最大限に低減する包括的措置を講じること

- 予防医療、健康増進、社会保障、安全基準を満たさない居住区からの移住を進め、住民の健康維持を図ること
- 放射能汚染地区において人間の健康に安全な活動環境を整備すること
- 上記地区の住民の生活レベルを向上させること
- 放射線が人体・生態へ及ぼす影響に関して科学研究を行うこと

　1990年4月、ソ連の最高会議により1990年から1992年に向けたチェルノブイリ原発事故被害対応緊急対策に関する「連邦・共和国国家計画」が承認された。この計画実現に向けた支出は、ベラルーシ共和国予算の大きな割合を占め、1991年は16.8％、1992年は12.6％に達した。なかでも住民の居住環境の整備への支出は大きく、さまざまな給付金や補償金のかたちでも支払われ、原発事故被害克服総費用の30〜40％を占めた。1992年の時点では、こうした費用は国家計画実施予算全体の24％を占めていた。

第一次「国家計画1993〜95年」：独自の取り組み開始
　ソ連崩壊後、ベラルーシはチェルノブイリ関連問題の解決に自力で取り組まざるを得なくなった。1992年7月28日、ベラルーシ共和国閣僚会議幹部会において、チェルノブイリ原発事故被害対応に関する「国家計画1993〜95年」が承認された。

第二次「国家計画1996〜2000年」：科学的アプローチ
　さらに1990年から1995年までの施策の分析や長期的な放射線・生態環境の予測結果に基づき、「国家計画1996〜2000年」が策定され、同計画において住民の被ばく線量低減に向けた技術、社会、医療および健康増進に関する総合的施策が策定され、実行に移された。計画に盛り込まれたのは、医療サービスの改善、住民に対する医薬品や汚染のない清潔な食物の提供、国内の放射線・生態モニタリングの実施と改善、居住地域の放射線・生態環境および関連する医学・生物学的リスク要因に関する信頼できる情報の提供であった。これらの施策の立案や実現には、放射線生態学や医学・生物学的状況に関する掘り下げた研究、因果関係の解明、科学的根拠のある予測が求められた。
　この国家計画の優先事項は、汚染地域の生活や経済活動の環境整備、新しく建設される町の社会公共施設の整備、住民の被ばく線量を最大限低減させるための幅広い総合対策の実施であった。

第三次「国家計画2001〜05年」：汚染地域の社会・経済環境改善

1999年6月16日付の大統領令第188号と1999年8月10日付の政府指示04/115号にしたがい、「国家計画2001〜05年」が策定された。

この国家計画の主な目的は、チェルノブイリ原発事故の被災者の健康被害や社会・心理的影響の低減、汚染地域の社会・経済および放射線生態学的再生、汚染地域の正常状態への復旧である。

国家計画の実施により、汚染地域の社会・経済環境が改善され、医療サービス向上に関する一連の措置が実行に移された。また健康モニタリングが整備され、内部・外部被ばく線量の低減が達成された。ベラルーシ共和国のチェルノブイリ原発事故被害克服の施策効果に対しては、国際社会からも肯定的な評価が寄せられた。このような評価は特に世界銀行のレポート『ベラルーシ——チェルノブイリ原発事故の影響の概要とその克服計画』〔参考資料13〕において顕著であり、主要な成功事例として以下について触れている。

- 移住や特別な施策によって住民の集団線量を最小化した
- 食物の放射能レベルを低減させる農業技術・加工技術を開発した
- 甲状腺がんなどの患者の効果的な治療を行った

同様の評価は、ベラルーシ共和国、ロシア連邦およびウクライナ政府に対する「国際チェルノブイリ・フォーラム」(2003〜05年)の提言〔参考資料14〕や、ここ数年間で最大規模の国際会議であった「チェルノブイリから20年——被災地域の復興と持続的発展に関する戦略」(2006年、ミンスク・ゴメリ)〔参考資料15〕の総括でも与えられている。

第四次「国家計画2006〜10年」：復興

第四次「国家計画2006〜10年」の目的は、汚染地域の社会・経済上および放射線生態学上の回復、放射線を要因とした制約なく経済活動ができる環境整備、被災者の健康リスクの低減であった。

この国家計画は、チェルノブイリ原発事故被害からの住民および地域の保護に関する国家政策の実施メカニズムを定め、事故被害低減のための財源、実施機関および期限が一体となった施策の総体である。放射性核種汚染地域における国の政策は、「復興」と位置づけられた。

国家計画には、次の主要課題の解決が盛り込まれている。

- 事故被災者に対する専門医療の改善
- 汚染地域居住者、事故処理作業従事者、避難者、移住者に対する
  効果的な社会保障および社会・心理面のリハビリ体制の構築
- とくに第二次移住対象区域および移住権利区域を対象とした、
  汚染地域へのガス・水道の供給および生活基盤整備のための集中投資。
  第二次移住対象区域からの住民移住計画の完了
- 住民の放射線防護
- 農産品、林産品、食品および飲料水の放射能モニタリングの機能確保
- 被災地域発展のため経済的優遇条件を整え、被災地域で保健、教育、農業および
  林業分野の専門家の定着を促進するための、事故被害克服の諸問題を規制する
  規則文書や法令の整備
- ゴメリ州、モギリョフ州およびブレスト州の放射能汚染地域の
  放射線生態・経済再生のための環境整備
- 汚染地域において農林業分野の専門施策を実施し、
  放射性核種濃度が基準値を超えない生産物を収穫すること

図6　国家計画の支出内訳

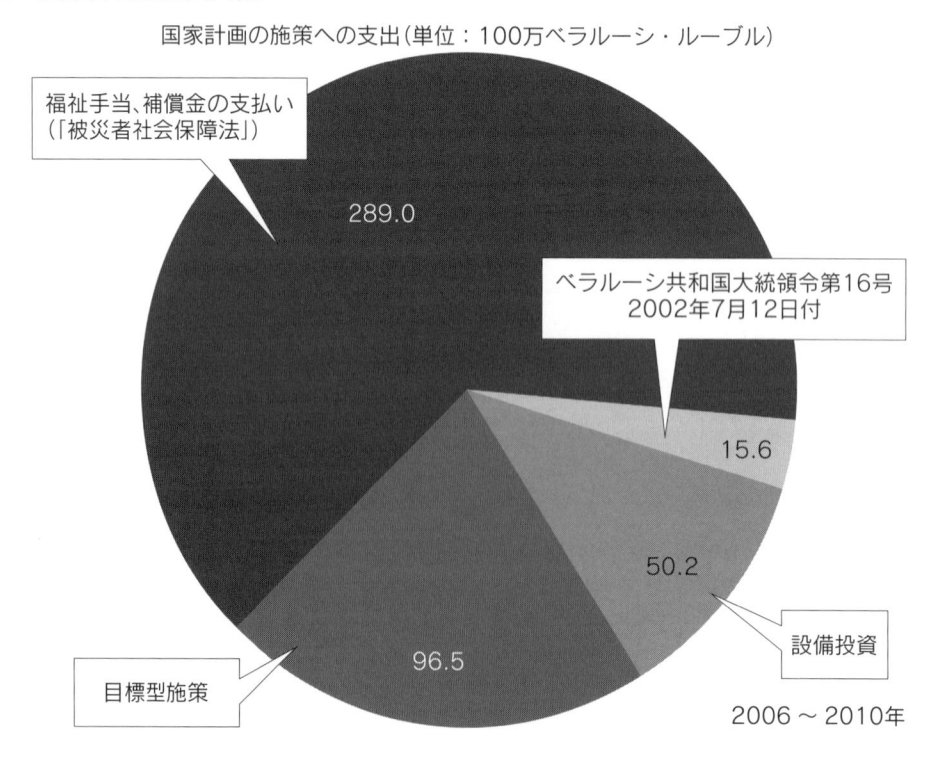

国家計画の施策への支出（単位：100万ベラルーシ・ルーブル）

- 福祉手当、補償金の支払い（「被災者社会保障法」）：289.0
- ベラルーシ共和国大統領令第16号 2002年7月12日付：15.6
- 設備投資：50.2
- 目標型施策：96.5

2006〜2010年

- 科学応用研究の一層の発展とその成果の導入
- 国際協力の拡大
- 放射性核種汚染地域および被災者の段階的復興
- 科学的提言に基づく被災者医療サービスの最適化
- 被ばく線量低減に向けた防護対策の実施
- 採算がとれ、放射能の観点から品質が国内および国際基準を満たす商品の生産

第五次「国家計画2011〜15年」：持続的発展

　2011年には、第五次「国家計画2011〜15年」が開始された。この計画の目的は、チェルノブイリ原発事故被災者の健康上好ましくない影響のリスクを低減することと、放射線安全上の要件を完全に満たしたうえで被災地域の「復興」から「社会・経済の持続的発展」への移行を促進することである。

連合国家チェルノブイリ計画

第一次計画（1998〜2000年）：ベラルーシ・ロシア連合国家の形成

　ソ連が崩壊してから最初の数年間は、チェルノブイリ原発事故被害対応に関する主要な政策は、各被災国の国家計画の枠組みで実施されていた。他方、事故に起因する問題は、ベラルーシとロシアに共通し、かつ複雑であることから、両国は問題解決のために資金、管理経験および科学的実践を結集させた。

　1993年から1995年にかけて、両国政府は原発事故被害最小化・克服のための共同行動に関する協定を締結した。ベラルーシ・ロシア連合条約および連合規約の規定の実施に際して、ベラルーシ共和国閣僚会議は閣議決定第725号「1997年におけるベラルーシ・ロシア連合条約および連合規約の規定の実施に関する優先行動計画実施体制について」を1997年6月16日付で採択した。この閣議決定にしたがって、ベラルーシ共和国の非常事態・チェルノブイリ原発事故被害住民保護省および保健労働社会保障省は、ロシア連邦の関係省庁とともに、チェルノブイリ原発事故被災者に対する医療支援、放射線防護および社会保障関連の施策実施の単一の法的基盤整備へ向けた提案作成を行った。

　1999年12月8日付の連合国家創設に関する条約には、チェルノブイリ原発事故を含む自然・人的災害被害の予防および対応に関して共同政策を実施すること、共通の情報空間を形成することが盛り込まれている。

　ベラルーシ・ロシア連合国家の形成により、チェルノブイリ関連問題を共同で、計画的・目標指向的アプローチにより解決することが可能となった。連合国家に

よるチェルノブイリ関連プログラムは両国の国家計画と並行して実施されている。現時点でチェルノブイリ関連の連合国家計画（連合国家チェルノブイリ計画）は、すでに3次にわたり実施され、第四次計画が策定中である。

　ベラルーシ・ロシア連合国家の枠組みによるチェルノブイリ原発事故被害克服共同活動計画の施策の財源は、連合国家の予算である。施策の実現にあてる連合国家予算の財源は、ロシアとベラルーシの間で均等に負担されている。

　1998年から2000年に向けた第一次連合国家チェルノブイリ計画は、ベラルーシ・ロシア連合国家執行委員会決定第1号において1998年6月10日付で承認され、2000年12月21日付の連合国家閣議決定第34号によって2001年まで延長された。計画の財源として3億4480万ロシア・ルーブル（約1700万米ドル）（図7）が割りあてられた。

　この計画では、最も差し迫った問題の解決のために、ベラルーシとロシアの設備・資金・知のリソースが統合された。計画の優先課題は専門保健施設の建設および設備供給であった。ベラルーシおよびロシアの両国民に対して専門的支援を提供する統一システムの設備基盤構築のため膨大な作業が遂行され、そのために財源の約90％があてられた。住民保護および地域再生の分野における規制文書、法律および技術アプローチを両国の間で近づけるための基盤も整えられた。

図7　ベラルーシ・ロシア連合国家計画の支出規模

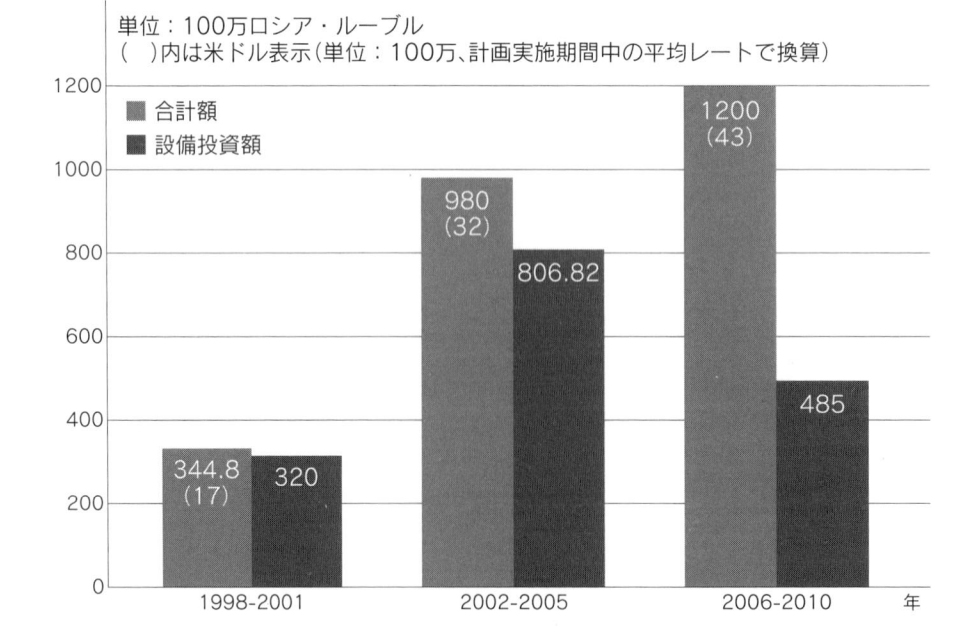

単位：100万ロシア・ルーブル
（　）内は米ドル表示（単位：100万、計画実施期間中の平均レートで換算）

年	合計額	設備投資額
1998-2001	344.8 (17)	320
2002-2005	980 (32)	806.82
2006-2010	1200 (43)	485

第二次計画（2002〜05年）：共通政策の形成と実現

　連合国家閣議決定第17号において2002年4月9日付で承認された2002年から2005年に向けた第二次連合国家チェルノブイリ計画は、チェルノブイリ原発事故被害克服の分野におけるベラルーシとロシアの取り組みの結集であり、共通の法体系へ向けた基礎を確立し、統一基準や最も有効なテクノロジーを導入した。計画の財源として9億8000万ロシア・ルーブル（約3200万米ドル）が割りあてられた。

　計画の主な目的は、チェルノブイリ原発事故の被害克服分野におけるベラルーシ・ロシア間の一致した政策の形成とその実現である。主要な課題は、チェルノブイリ原発事故で被災した両国の国民に対し専門医療支援を提供する統一システムを機能させることに加え、最も効果的なテクノロジーの開発・導入および費用対効果の高い施策の実現、チェルノブイリ原発事故被害克服における共同活動に必要な科学、情報分析および組織・技術上の支援であった。

第三次計画（2006〜10年）：共同活動の改善

　2006年から2010年に向けた第三次連合国家チェルノブイリ計画は、2006年9月26日付の連合国家閣議決定第33号で承認された。主な目的は、チェルノブイリ原発事故の被害克服分野におけるロシア連邦とベラルーシ共和国の一致した共同活動の内容や仕組みを構築および改善することであった。計画には12億ロシア・ルーブル（約4300万米ドル）が割りあてられた。

　作業は3つの分野で実施された。第一は、被災者に対するターゲット型専門医療システムの基礎構築。第二は、農業用地と森林資源を安全な状態に維持して経済活動のサイクルへ戻すための統一要求事項や法・技術規制の基礎をつくること。第三は、チェルノブイリ原発事故被害克服問題に関して共通の情報提供政策を実現することである。

　連合国家チェルノブイリ計画（とくに第一次および第二次）の枠組みにおける支出の大部分は保健分野のインフラ構築に割りあてられた。これにより、ベラルーシではゴメリ市の国立放射線医学・人間生態研究センターとスキデル市のグロドノ製薬工場の2施設が操業を開始した。

国際協力

1990〜2001年：人道、科学・技術支援

　チェルノブイリ原発事故後25年間にわたり、ベラルーシ共和国は、人道支援の

受益国の地位から、他国が応用可能な経験を持つ対等なパートナー国と認められるようになるまで、長い道のりを歩んだ。

　チェルノブイリ事故問題に関する国際協力は、1990年の第45回国連総会における国連決議第45/190号「チェルノブイリ原発事故の被害低減および克服に関する国際協力」が出発点となった。決議の実現に向けて、ベラルーシはチェルノブイリ原発事故被害克服・最小化問題の調整メカニズムの設立に着手し、具体的な調整機関として、チェルノブイリ国連組織間タスクフォースと省レベルの四者調整委員会が設置された。チェルノブイリ国連組織間タスクフォースに参加したのは、国連システムの組織・機関（国連開発計画〈UNDP〉、国連児童基金〈UNICEF〉、国際原子力機関〈IAEA〉、国連人口基金〈UNFPA〉、国連人間居住計画〈UN-HABITAT〉、国連欧州経済委員会〈UNECE〉、原子放射線の影響に関する国連科学委員会〈UNSCEAR〉、国際移住機関〈IOM〉、国連工業開発機関〈UNIDO〉、国連教育科学文化機関〈UNESCO〉、世界保健機構〈WHO〉、世界気象機関〈WMO〉）および世界銀行である。四者調整委員会はベラルーシ、ロシア、ウクライナおよび国連の関係機関から構成される。

　1990年から2001年にかけてのチェルノブイリをテーマとした国際協力は、人道的、科学・技術的な性格を帯びたものであった。ベラルーシで実施された主な計画は、ベラルーシに対するIAEAの技術協力およびUNDPの国別計画である。これらの計画と並行して、国際赤十字・赤新月社連盟「チェルノブイリ人道支援復興計画（CHARP）」、WHO「チェルノブイリ事故健康影響調査国際計画（IPHECA）」、「TASIS-93計画」、「UNESCO・チェルノブイリ計画」のほか、UNIDO、UNICEF、国連人道問題調整部（UNOCHA）の単発プロジェクトも実施された。さらに、これ以外にもNGOによる多くのプロジェクトや人道支援計画が実施された。

　国連の試算によると、1990年から2001年までの期間におけるベラルーシ共和国に対する援助は、国連関係機関によるものが4500万米ドル、EUのTASIS計画を通じた援助が200万米ドル以上、またEU人道事務所を通じた援助が650万米ドルにのぼった。

2001年以降：長期的な社会・経済の復興

　2001年以降、ポスト・チェルノブイリの国際協力において被災地域の復興に向けた活動体制の方針転換が行われた。

　同時期までに、さまざまな国際機関が事故後のチェルノブイリの状況管理に関

して多くのミッションや評価を実施していた。それらの結果に基づいて、チェルノブイリ事故の生態学、医学、社会・経済分野における被害や影響に関する客観的な報告書が発表され、また被害克服を目指すさまざまなプロジェクトや計画の展望も作成された。これらの報告書に基づく所見は、現在においてもポスト・チェルノブイリの国際協力の現実的方向性を決定するのに役立てられている。

　そのようなイニシアティブのひとつとして、2001年に国連関係機関が実施したミッションがある。チェルノブイリ原発事故15年後の被災者の生活状況について信頼性の高い情報を得ることを目的としたこのミッションでは、チェルノブイリ原発事故とその被害がベラルーシ、ロシア、ウクライナの社会・経済、生態系、被災者の健康に与えた影響が分析された。とくに事故で直接被災した居住区の住民の福祉と公共サービスが重点的に調査された。ミッションの結果を踏まえ、報告書『チェルノブイリ原発事故による人的被害——復興のための戦略』〔参考資料16〕が作成された。

　2001年から2002年にかけて、世界銀行の専門家は、チェルノブイリ原発事故の被害克服の分野でベラルーシに対して援助を行った政府や組織の計画や文書を分析し、汚染地域の住民や他のカテゴリに属する人々の意識調査が行われた。この調査が作成した報告書〔参考資料13〕は、事故後にベラルーシが直面した主な問題に触れ、その解決の道筋を示した。具体的には、高汚染地区に注意を集中させること、住民の健康な生活スタイルについて新たな情報提供の方法を考案すること、被災地の経済発展に向けたアプローチを見直し、住民支援の国家計画を最適化することを提案した。

　2003年にIAEAが主催した「国連チェルノブイリ・フォーラム」は、WHO、UNDP、国連食糧農業機関（FAO）、国連環境計画（UNEP）、UNOCHA、UNSCEAR、世界銀行およびベラルーシ、ロシア、ウクライナ各国政府の協力を得て、チェルノブイリ原発事故による医学、生態学、社会・経済的影響に関して科学的調査を行った。フォーラムの結論は調査結果を総括し、最も大きな被害を受けた三ヵ国の政府に対し保健、環境保全、社会・経済政策の問題に関して提言を行った。

復興施策への地域の主体的参加

　ここまでに触れた調査は、ほぼ同時期にさまざまな組織や参加者のもと実施されたが、いずれも似通った結論を導いた。その要旨は次のとおりである。

- 復興や発展へ向けた新たなアプローチが必要であり、
  そのアプローチは包括的なものでなければならない
- 保健、社会・経済の発展、環境資源の有効活用、食料生産、教育や文化において
  被災者や市民社会の現実的かつ長期的なニーズに応える必要がある
- 施策の参加者は、最も大きな被害を受けた住民や地域に支援が直接届けられ、
  期待された成果が得られるよう、自らの活動を調整しなければならない

　このように優先事項の変更があった。つまり人道支援の提供から、長期的視点に立った社会・経済の復興、住民自らが生活環境改善へ積極的に参加し、被災地区の持続的発展を保障することへと変化していったのである。この点において、事故被害克服に向けた国際社会の支援は、被災地域および国全体が持続的発展へと移行するために重要かつ必要不可欠な前提条件であると評価されている。

　この文脈においてベラルーシは、国際計画「ベラルーシ共和国チェルノブイリ原発事故被災地域の生活環境復興のための協力（CORE）」（2003～08年）を通じて外国のパートナーとともに、新たなアプローチを試行した。同計画はベラルーシで被害の最も大きかった4地区、つまりゴメリ州ブラギン地区およびチェチェルスク地区、モギリョフ州スラヴゴロド地区、そしてブレスト州ストリン地区を対象とし、主な目的は、これらの地区の生活環境の復興と再生のプロセスに被災者自身や地元の専門家、すべてのステークホルダーを積極的に参画させることであった。

　この目的は、生態・農業、医療、教育、放射能、文化遺産保護など地域コミュニティーが主導する各分野で、テーマごとのプロジェクトを実施することを通じて達成された。この計画によって被災地域の復興に向けた新たなアプローチが実践された。主な内容はマイクロファイナンス（少額融資）の導入、代替生産の立ち上げ、実践的な放射線文化普及の教育スキーム導入や実用手引書の出版、記念碑の整備などによる事故の記憶の継承である。被災地域住民によって146件のプロジェクトが策定され、そのうち約80件、430万ユーロ相当がさまざまな国・組織の支援や参画を得て実現した。

国連の10ヵ年事業（2006～16年）

　2006年、ベラルーシ共和国はチェルノブイリ原発事故後3期目の10年間（2006～16年）を「国連チェルノブイリ原発事故被災地域復興・持続的発展のための10年」に指定することを提案した。翌2007年、第62回国連総会においてこの提案は

採択され、UNDPに提案の実現に向けた国連関係機関の行動計画の作成が任せられた。

行動計画は、地域住民が被災地域の復興と再生に積極的に参画できる環境を2016年までに整備することを謳っている。チェルノブイリに関する国連の長期行動計画は、チェルノブイリ関連分野の国際支援の限りある資源を最大限に有効利用すること、チェルノブイリ支援に参加する個々の国・機関の権限や専門性の長所を最適化して支援の重複を防ぐことを目指した。

「国連チェルノブイリ原発事故被災地域復興・持続的発展のための10年」の枠組みで、UNDPが調整機関となった大規模国際技術協力プロジェクトが実現に向けて動きだした。

- 「チェルノブイリ原発事故被災地域における地域に根ざした発展」プロジェクト（予算額150万ユーロ以上）：プロジェクトの目的は、各地域が抱える社会・経済分野の具体的課題への取り組みに対する地域住民の参画を活発化すること、社会的弱者に対する支援を行うことである。プロジェクトの課題は、重点地区において、住民と住民、住民と地方行政機関などが当該居住区・地区の社会・経済的課題の解決へ向けた地域プロジェクトの策定や実現を通して相互に協力する実用モデルを構築することである
- 「チェルノブイリ原発事故被災地域における人間の安全保障の強化」（予算額160万米ドル以上）：プロジェクトは、5つの重点地区（ブラギン、ルニネツ、スラヴゴロド、ストリンおよびチェチェルスク地区）の住民の収入増加および安定化のための環境整備、内部被ばく線量の低減、健全な生活スタイルの習慣化を目標とする
- 「国際チェルノブイリ研究情報ネットワーク（ICRIN）」（プロジェクトはベラルーシ、ロシア、ウクライナを包括する地域プログラムの枠組みで実施。ベラルーシ分の予算額は約33万米ドル）：プロジェクトの目的は、チェルノブイリ原発事故被災地域の経済・社会的発展のための良好な環境を整備すること、地域のイニシアティブを支援することである。計画には、教育システムを通じた情報の普及、メディア、教育および医療関係者のトレーニング、また被災した農村地域にインターネットアクセスのある情報センターを設立することが盛り込まれた。この計画の実現には、国連の4機関（UNDP、WHO、UNICEF、IAEA）が参加した

国際機関との協力関係

ベラルーシ共和国にとっては、極めて新しい形態の国際機関との協力も実現さ

れた。国際復興開発銀行（IBRD）との間で、チェルノブイリ原発事故被災地区の復興に関する世界銀行とベラルーシ共和国の共同プロジェクトの枠組みにおける5000万米ドルの借款に関する合意書が交わされた。このプロジェクトは、社会的に重要な2つの分野を対象とした。それはエネルギー消費の効率向上と既存のガス管を利用した個別の住宅へのガス供給網整備である。借款の資金投入により、国家計画の実行に弾みがつき、財政負担の軽減につながるだけでなく、それによって生じた財源をほかの課題へ割りあてることも可能となっている。

IAEAとの協力の枠組みで、国別・地域別の技術協力プロジェクトが実現された。そのなかには、IAEAの国際技術協力国別プロジェクト「チェルノブイリ原発事故汚染地域の復興」（予算額34万2000米ドル）、「環境技術の利用によるチェルノブイリ原発事故被災地域の再生」（同32万1495米ドル）がある。また「チェルノブイリ事故汚染地域の林業支援」プロジェクトも引きつづき実施されている。地域別（ベラルーシ、ロシア、ウクライナ）プロジェクト「チェルノブイリ原発事故被災地域復興への放射線学的支援」（予算額100万米ドル以上。プロジェクトの目的は、放射能汚染地域の維持管理に関する意思決定をサポートする勧告の策定）、「専門家の育成と核技術に対する支援」にも参加している。

「平和のための科学」の枠組みで、北大西洋条約機構（NATO）との国際科学協力も構築された。2008年以降に実施されたのは、ポレシエ国立放射線・生態保護区の敷地における総額30万ユーロ相当のプロジェクトである。その内容は、保護区敷地の放射能汚染に関する多面的な情報収集、近隣地域への放射性核種移行モデルの策定、風や水の運搬による放射能汚染変化の将来予測、チェルノブイリ原発周辺地域の放射性核種総量の評価である。

人道支援受益国からパートナー国へ
チェルノブイリ原発事故から25年間にわたり、公共・民間団体からベラルーシ共和国に物資や資金のかたちで人道支援が届けられており、ベラルーシの最も著しく被災した地区の子どもの健康増進活動も行われている。我が国の人道支援のパートナー国として、とくに重要な位置を占めているのは、オーストリア、英国、ベルギー、ドイツ、アイルランド、スペイン、イタリア、カナダ、中国、ルクセンブルク、米国、フランス、スウェーデン、スイス、日本などである。

チェルノブイリ原発事故被災地域の復興と再生へ向けた国際機関による積極的

活動と並行し、共同プロジェクトの経験を考慮しながら、復興および再生に関する国家政策において新たなアプローチを模索し導入する取り組みが持続的に行われている。

　ベラルーシ共和国は、チェルノブイリ原発事故被災地域の生活環境の復興と再生に積極的に参加してくれた組織や国に対し、心からの謝意を表明する。共同の取り組みのおかげで、ベラルーシは人道支援の受益国から対等なパートナーシップの享受国へと変貌を遂げ、持続的発展へと踏み出すことができるようになった。被災地域の復興に関する主な活動は、チェルノブイリ原発事故被害克服に関する国家計画の枠組みで実施されているが、この分野に国際的経験を取り入れたことは、ベラルーシの取り組みをうまく補完し、かつ特別な意義を持っている。ベラルーシ共和国は、関心を持つすべての関係者に対し、効果的かつ実りある協力への参加を呼びかける。

2.4　原発事故被害克服活動の国家管理

国の監督機関の変遷

　1986年4月から5月にかけてのチェルノブイリ原発事故の防護措置や収束活動は、ソ連閣僚会議政府委員会とソ連保健省が監督した。

　チェルノブイリ原発事故被害克服のための実践的活動は、（国家）予算が充当される特別な国家計画の枠組みで行われている。

　ソ連の崩壊、ベラルーシ共和国の独立、チェルノブイリ原発事故被害克服に関する3年間の経験の蓄積を経て、事故被害克服のために国の専門機関の設置が必要であることが認識された。1990年9月、閣僚会議の決定により「チェルノブイリ原発事故被害問題国家委員会」が設立された。1995年に同委員会は「非常事態・チェルノブイリ原発事故被害住民保護省」へ改組され、さらに1997年には「非常事態省」、1998年には「非常事態省チェルノブイリ原発事故被害対策委員会（チェルノブイリ委員会）」、そして2001年には同じ委員会でも閣僚会議直轄の委員会へと改組された（表9）。

　委員会の初代委員長は、2000年まで約14年間にわたり事故被害対応の他の国家機関も指導した副首相ケニク・イヴァン・アリビノヴィチ氏である。

現在、チェルノブイリ問題に取り組む国家機関としての役割は、「非常事態省チェルノブイリ原発事故被害対策局」が担っている。

　原発事故被害対策局は、非常事態省の委任により、国の事業発注機関の役割を果たしながら、チェルノブイリ原発事故被害克服に関する国家計画履行の計画と調整を行っている。

表9　事故被害対応に関する国家機関の変遷

決定採択日		担当国家機関の名称
閣議決定第227号	1990年9月11日付	チェルノブイリ原発事故被害問題国家委員会
内閣決定第19号	1995年1月11日付	非常事態・チェルノブイリ原発事故被害住民保護省
内閣決定第86号	1995年2月13日付	
閣議決定第674号	1997年6月10日付	非常事態省
閣議決定第1862号	1998年12月4日付	非常事態省チェルノブイリ原発事被害対策委員会（チェルノブイリ委員会）
閣議決定第1578号	2001年10月31日付	閣僚会議チェルノブイリ原発事故被害対策委員会
大統領令第756号	2006年12月29日付	非常事態省チェルノブイリ原発事故被害対策局

Part 2
ベラルーシ政府報告書

第2章

第3章

チェルノブイリ原発事故
被害克服施策の成果

　ベラルーシ政府は国家計画に基づき、復興に向けた取り組みを行ってきた。社会保障、医療、放射線管理、農林業、教育など各分野での成果は、現在いかに評価されているのか。本章は、分野ごとに四半世紀の成果を総括する。

●社会保障：

事故処理作業従事者や放射線障害発症者、移住者など約139万人を対象に
社会保障を行っている

●医療：

健康観察制度（対象者数約143万人）の運用により、被災者全体に
健康状態の顕著な悪化は観察されていない

●療養：

障害者や未成年者は、無償の療養を受ける権利を持つ。
子ども向けに療養施設のネットワークが設立され、年間約6万人が利用

●放射能汚染モニタリング：

大気、表層水、土壌、原発周辺地域の恒常的な放射能汚染モニタリングを行い、
国家計画の策定に役立てている

●農業：

施肥や土地利用・作付けの最適化などの対策により、放射性核種の食物への
移行を防ぎ、内部被ばく線量を低減。
生産活動は、汚染地域における住民の雇用の受け皿にもなっている

●林業：

森林再生、森林育成、森林火災防止、森林や林産物の放射能検査・モニタリング、
情報提供に取り組んでいる

●放射能汚染検査：
地域別・産業別の原則で放射能汚染検査を実施。専門人材と最新設備を擁しており、農業食糧省傘下の企業から基準値を超える食料や原料が市場に流通したことはない

●立入禁止区域の管理：
立入禁止区域や退去区域には禁止・制限事項が定められている。
一方、最も汚染の著しい地域は、自然保護区として生態系を維持。野外試験場として放射能汚染の研究を行っている

●インフラ整備：
事故関連対策費に国家予算の2％が毎年支出され、住宅や公共施設などのインフラも整備されている

●教育・情報：
放射線関連学の専門家養成や、学校での放射線生態学教育を体系的に行っている。また住民が公式発表より噂を信用していたことから、情報提供に注力。ITを活用し、地域レベルで体制を整えている

3.1　被災者の社会保障システムの構築

社会保障の対象者

　現行の法令で被災者に対する福祉手当、権利および保証が定められている。対象となるのは、①原発事故処理作業従事者、②放射能汚染地域から新たな居住地へ避難または移住した者、③同地域に現在居住している者、④民生または軍事目的の他の原子力施設の事故における事故処理作業従事者および被災者、⑤核兵器を含む核装置の実験、演習などの被災者である。
　2011年1月1日現在、国内における該当者数は以下のとおりである。

●放射線障害発症者（過去に発症した者含む）およびチェルノブイリ原発事故との
　因果関係が立証された障害者：1万655人
●1986～87年の避難区域における事故処理作業従事者：6万6225人

- 1988～89年の避難区域ならびに1986～87年の第一次および第二次移住対象区域における事故処理作業従事者：3万7706人
- 汚染地域居住者：114万1300人
- 汚染が最も著しい地域からの移住者：13万7700人

放射能汚染地域内の居住区数と居住者数の推移を図8に示した。

最も大きな被害を受けたのは、放射線障害発症者およびチェルノブイリ原発事故との因果関係が立証された障害者のグループである。

図8 汚染地域内の居住区数と居住者数

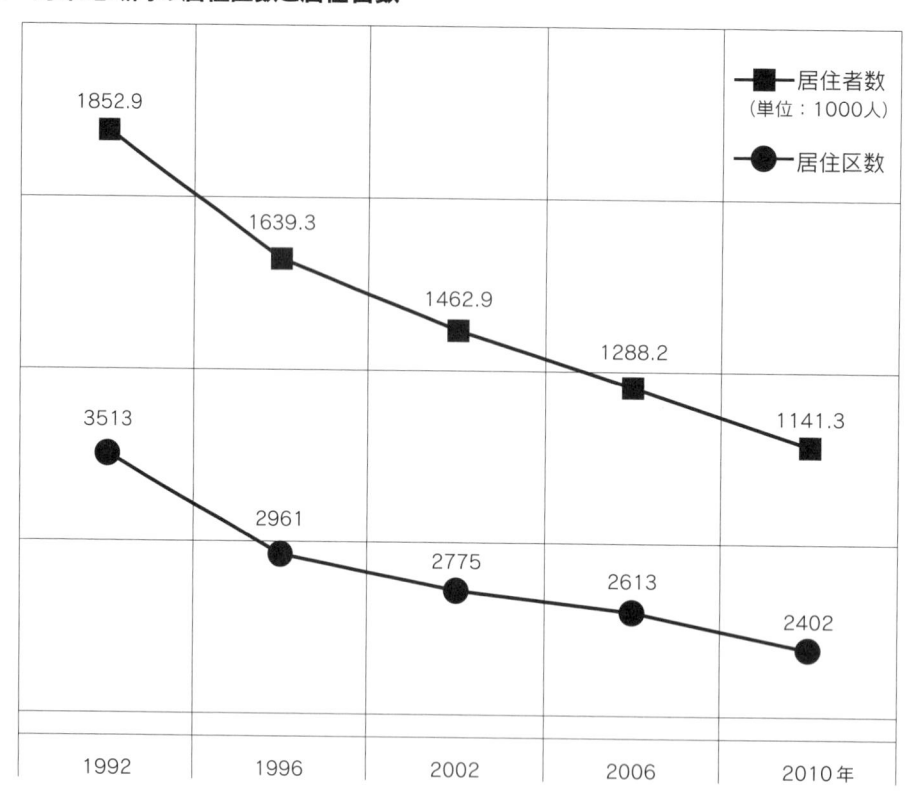

居住者数（単位：1000人）
- 1992: 1852.9
- 1996: 1639.3
- 2002: 1462.9
- 2006: 1288.2
- 2010年: 1141.3

居住区数
- 1992: 3513
- 1996: 2961
- 2002: 2775
- 2006: 2613
- 2010年: 2402

社会保障の費用

「国家計画2006～10年」において住民の社会保障のために毎年支出された費用を図9に示した。構成比は総費用の60％を占める（図10）。

図9 「チェルノブイリ原発事故による被災者の社会保障に関する法律」実施のための支出額
（単位：10億ベラルーシ・ルーブル）

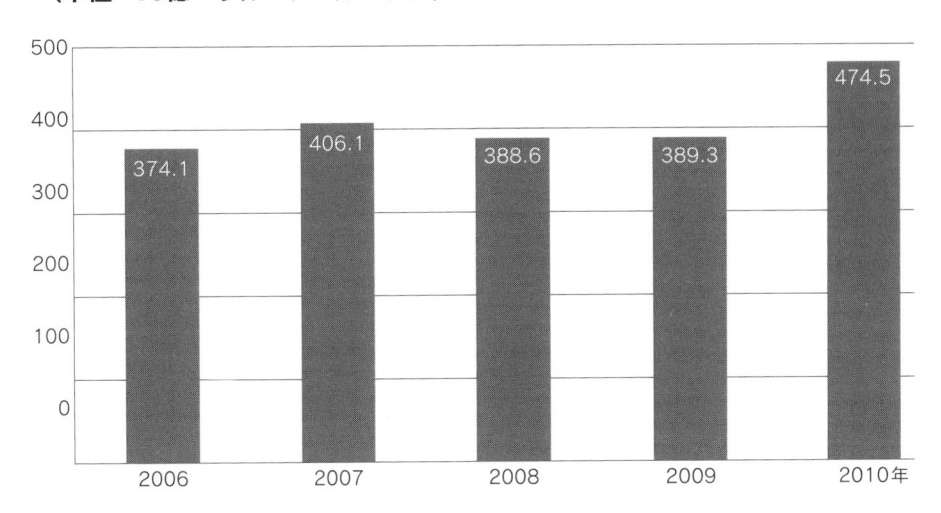

年	支出額
2006	374.1
2007	406.1
2008	388.6
2009	389.3
2010	474.5

図10 2006年および2010年の国家計画関連施策に対する国の支出

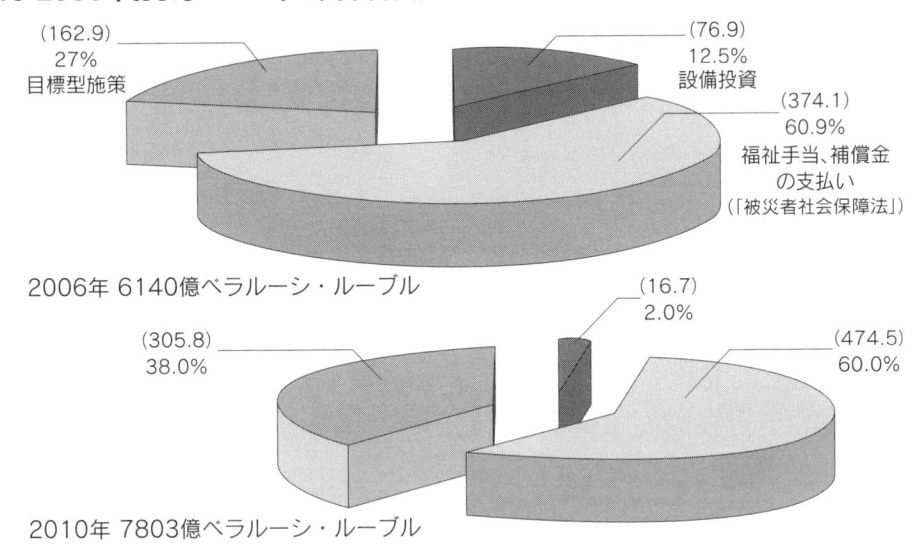

2006年 6140億ベラルーシ・ルーブル
- (162.9) 27% 目標型施策
- (76.9) 12.5% 設備投資
- (374.1) 60.9% 福祉手当、補償金の支払い（「被災者社会保障法」）

2010年 7803億ベラルーシ・ルーブル
- (305.8) 38.0%
- (16.7) 2.0%
- (474.5) 60.0%

福祉手当、補償金

　チェルノブイリ原発事故による被災者に対する国の社会保障政策の柱は、「社会的弱者」カテゴリの住民に対する最大限の支援、母と子の安全確保、健康被害リスク低減ならびに被災地域の社会・経済発展環境整備に関する優先的な国家計画の実施である。

「国による特定カテゴリの市民に対する福祉手当、権利および保証に関する法律」と「チェルノブイリ原発事故およびその他の放射線事故による被災者の社会保障に関する法律」は、物理的・社会的理由により国の支援を必要とするカテゴリの住民（第1級および第2級障害者、チェルノブイリ原発事故による放射線障害発症者）に対し、医薬品の提供、保養施設での治療や保養、リハビリ用器具の提供、公共料金の費用および公共交通機関の利用に関する特典を規定している。

　また放射能汚染地域に居住する子どもへの重要な社会福祉支援としては、保養施設における治療、保養、食事の無償提供が挙げられる。

　その他のカテゴリの住民に対しても追加的に一連の保障や特典が定められた。例えば、1986〜87年の避難区域（立入禁止区域）におけるチェルノブイリ原発事故処理作業従事者および同期間におけるチェルノブイリ原発の運転従事者など（短期派遣や出張含む。事故処理作業に従事した正規軍人および特別召集の予備役軍人含む）は、年齢に応じて最低年金額の50％が年金に加算される。また1988〜89年の上記該当者は年齢に応じて最低年金額の25％が年金に加算される。

　チェルノブイリ原発事故やその他の放射線事故との因果関係が立証された障害者は、年齢に応じて最低年金額の次の割合が年金受給額に上乗せされる。

- 第1級障害者・18歳未満の障害者：100％
- 第2級障害者：75％
- 第3級障害者：50％

　避難区域（立入禁止区域）ならびに第一次および第二次移住対象区域の放射能汚染地域から避難、移住または自主避難した者（胎児だった子どもを含む）は、同区域へ1990年1月1日以降に居住した者を除き、年齢に応じて最低年金額の25％が年金へ加算される。

　第二次移住対象区域および移住権利区域の放射能汚染地域に恒常的に（主として）居住する者は、子どもが満3歳まで、法律で規定された額の1.5倍の子ども育児補助金を受け取る権利を持つ。

　第一次および第二次移住対象区域の放射能汚染地域の労働者は、一時的に労働不能となった日から労働スケジュールに応じて計算した日数（時間）に対して100％の日給（時給）にあたる一時労働不能補助金を得る権利がある。また妊娠第27週以降の女性に対しては、実際に出産に要した日数とは関係なく、カレンダー日で146日間（難産や双子以上の出産の場合、160日間）の妊娠・出産休暇の権利

が与えられた。

　避難区域（立入禁止区域）の労働者は、週35時間勤務および一日三度温かい食事を無償で受ける権利を持ち、食事の提供ができない場合は弁当または相当額の補償金を受け取った。

追加的な補償

　放射能汚染地域にある組織の仕事に特定カテゴリの職員や専門家を招聘し定着を図るために、追加的な保障（しょうへい）が定められている。1998年11月30日付の閣議決定第1842号「チェルノブイリ原発事故による放射能汚染地区における教育、医学、薬学、文化・芸術分野の職員および指導者、学習・スポーツ専門施設の専門家および指導者、農業および住宅公共サービスの専門家ならびに消費者組合の専門家の契約雇用制度の導入について」にしたがい、汚染地域にある組織や機関と雇用契約を結ぶ上記カテゴリ労働者に対しては、仕事の条件、量および内容に基づいて加算額が定められるほか、汚染の程度と契約期間に応じて一時補助金が支払われる。

　放射能汚染地域、第二次移住対象区域および移住権利区域へ仕事や兵役で派遣される中等専門教育・高等教育機関修了者に対しては、閣議決定が定めた国家機関職員報酬の第一種基本額に職務開始1年後は10、2年後は12、3年後は15を乗じた額が毎年支払われる（閣議決定第1516号「放射能汚染地域へ職務または兵役（軍務）のため派遣される中等専門教育および高等教育機関修了者に対する支払いについて」1998年10月1日付）。

3.2　被災者に対する医療サービスおよび被災者の健康状態

被災者の登録台帳の整備

　チェルノブイリ原発事故の事故処理作業員と放射能汚染地域で生活する住民の健康状態は、社会的に最も重要な問題であり、事故被害の克服に向けた国の取り組みのなかで中心的な位置を占めている。

　事故発生直後からベラルーシ共和国では被災者の健康維持に関する包括的な施策が実現されてきた。

　1993年以来、チェルノブイリ原発事故の被災者管理制度が、国家登録台帳として機能しているが、現在この台帳は2009年6月11日付の閣議決定第773号で承認さ

れた「チェルノブイリ原発事故およびその他の放射線事故による被災者の国家登録に関する規程」に則りつくられている。

国家登録台帳は、被ばくした住民一人ひとりの医療・線量情報の収集と分析を可能にする。また被災者に対するターゲット型の専門医療を提供する際の最重要ツールであり、そのためのデータベースとしての役割も担う。

チェルノブイリ原発事故およびその他の放射線事故被災者の国家登録台帳のデータは、疾病、障害、死亡の内訳・動向の調査、総合的な放射線疫学・統計学的分析、ハイリスク集団の特定方法・基準の策定、住民の健康観察の分析・管理に利用されている。

登録データ

国家登録台帳のデータベースには、個人別に登録された疾病、治療およびその結果、健康観察の診断結果、個人吸収線量および実効線量を含む被ばく線量に関するデータが登録されている。

現在、データベースには以下の情報が蓄積され、常時更新されている。

- チェルノブイリ原発事故およびその他の放射線事故の事故処理作業者
- 避難区域、第一次移住対象区域および第二次移住対象区域からの避難者、移住者および自主避難者（避難当時、胎児だった子どもを含む。ただし1990年1月以降に当該地域に転入した住民は除く）
- チェルノブイリ原発事故またはその他の放射線事故の影響が原因で放射線障害を発症した者。チェルノブイリ原発事故またはその他の放射線事故と障害または疾病の因果関係が証明された障害者
- チェルノブイリ原発事故またはその他の放射線事故と障害または疾病の因果関係が証明された18歳未満の子どもの障害者
- チェルノブイリ原発事故またはその他の放射線事故によって被災した子ども
- 第二次移住対象区域および移住権利区域の放射能汚染地域に恒常的に（主として）居住する者。定期放射線管理対象居住区域に居住する者の一部

また法律〔参考資料12〕にしたがって、移住権利区域および定期放射線管理対象居住区域の放射能汚染地域に居住する者、法令上の手続きによって上記区域から除外された居住区に恒常的に（主として）居住する者（ただし1990年1月1日以降に転入した者は除く）の登録作業が行われている。

地区レベルでは、保健省、内務省、国家保安委員会、国防省、運輸省所管の209の国家関連保健組織が国家登録台帳に参加している。

データの管理・技術指導、分析、試験および検証は、国家登録台帳の7つの州支部と国立放射線医学・人間生態研究センターの一部門が行っている。2010年初頭の時点で、地区レベルのデータベースには、国家登録台帳に含まれる約39万人分のデータが、また共和国レベルのデータベースには約28万人分のデータが登録されている。

保健省による内部被ばくの線量評価

保健省所管の関連機関はホールボディカウンタの測定結果に基づき、住民の個人内部被ばく線量を評価し、社会・医学・放射線上の対策が適切かつ妥当であるかを判断するためにデータの分析と解釈を行う。

現在、保健省全体では固定式または移動式の36台のホールボディカウンタが稼働している。毎年、国家線量登録台帳にはホールボディカウンタで測定した人体のセシウム137含有量のデータが送られ、それに基づき10万人以上の内部被ばく線量の算出が行われている。

内部被ばく線量が1ミリシーベルトを超えているのは、全検査対象住民の0.3〜0.4%である。超過した住民は、キノコやベリー、野鳥類を定期的に摂取しており、医療関係者は一人ひとりに対し継続的に指導を行っている。

被災者の健康観察制度

チェルノブイリ原発事故被災者の健康状態を継続的に管理できるように、被災者に対する特別な健康観察検査が実施されている。また医療の特別制度も導入され、予防医療機関や薬局でのサービスの優先的提供、医師の処方箋による医薬品の無償提供、治療期間中の高品質な食品の無償提供などが行われている。これらの課題の解決は、地域の予防医療機関および放射能汚染地域に交代勤務する専門の往診医師団・医療スタッフによって実現されている。

被災者に対する健康観察は、事故の医学的影響の低減に向けた予防医学的施策の基礎となっている。健康観察は次の課題の解決に貢献する。

● 被災者の健康状態の動的観察
● 疾病の早期発見、診断結果の確認、治療の計画

- 疾病の発生・拡大を促すリスク要因を抱える者の発見
- 予防策、リハビリ・健康増進策の実施

　チェルノブイリ原発事故被災者の健康観察制度、疾病と事故影響の因果関係を特定する省庁間専門家会議は、国家計画の課題遂行を目的とした国家予算および地方予算を財源として実施された。

　健康観察制度の対象となる国民数の把握、診断の計画・実施・結果分析、医療サービスの提供と治療・リハビリ処置の実施は、住民の居住地または勤務地にある予防医学施設で行われている。

　住民の健康診断は、国内全域で実施が義務づけられており、定期診断では予防学的観点から腫瘍検査と結核検査が行われている。

健康観察の対象

　健康観察の対象者は、7つの登録グループ（第1～第7グループ）と4つのリスク集団（A、B、C、D）に分類される。7つのグループすべてに対して健康診断が毎年1度行われる。

　第1グループは、1986～87年に避難区域（立入禁止区域）内でチェルノブイリ原発事故の事故処理作業に従事した者（サブグループ1.1）、1986～87年に第一次移住対象区域、第二次移住対象区域または1988～89年に避難区域内で事故処理作業に従事した者（サブグループ1.2）から構成される。第2グループは、1986年の避難者、移住者および自主避難者である。これら2つのグループは、内科・内分泌科・眼科・耳鼻咽喉科・神経科・婦人科・腫瘍科の検査を受診することになっている。また血小板数の検査を含む血液検査・心電図検査・甲状腺の超音波診断も受けることになっている。

　第3グループは、第一次移住対象区域や第二次移住対象区域にある放射能汚染地域に居住する者、原発事故後にこれらの区域から移住した者、自主避難した者であり、子どもや未成年者も含む。このグループは、小児科、内科、内分泌科の検診を受け、血液検査（血沈反応、白血球、ヘモグロビン）や被ばく線量管理を受けることになっている。

　第4グループは、第1～第3グループの子どもやその子孫である。このグループは、血液検査のみを受ける。専門医による検診は年齢別に行われる。成人は内科医の検診を、子どもと未成年者は小児科医や内分泌科医の検診を受けることとなっている。

また第4および第5グループの子どもに対する健康診断の範囲については、児童保護関連法がこれを定めている。

第5グループは、移住権利区域と定期放射線管理対象居住区域に居住する者、障害と放射線との因果関係が証明された者、自主避難した者である。このグループのうちリスク集団Bに分類される者は、被ばく線量管理、血液検査（血沈、白血球、ヘモグロビン）、内科検診を毎年必ず受けることになっている。

第6グループは、チェルノブイリ原発の事故処理作業従事者、あるいは他の原子力施設での事故により被災した者である。第7グループは、急性白血病、甲状腺腫、甲状腺がん、その他の悪性腫瘍を発症した子どもや未成年者、それ以前は「チェルノブイリ原発事故被災者」の資格を持たなかった、チェルノブイリ原発事故の影響による障害者である。この2つのグループは、臨床血液検査と内科検診（または小児科検診）を毎年受ける。

いずれのグループも検査結果によっては他の専門医による検診や追加検査を受ける。

放射能リスクが高い3集団

この7グループの分類に加え、重点的なターゲット型医療支援を行い、原発事故の医学的影響を深く掘り下げて研究するために、放射能リスクが通常より高い3つの集団が分類されている。

- リスク集団A：第1、第2グループのうち1986年に避難区域にいた者
- リスク集団B：第3、第5グループのうち原発事故発生時点で0～18歳の者（1968～86年生まれ）
- リスク集団C：2年またはそれ以上の期間に内部被ばく線量が年1ミリシーベルトを超えたことが複数回あった者

健康観察制度の対象者数

2010年1月1日時点で、ベラルーシ共和国には健康観察制度の対象者が、142万9570人いる。内訳は成人が116万297人、未成年者が5万7204人、子どもが21万2069人である。

2009年の健康診断の受診者数は、140万6524人（98.4％）であった。内訳は、成人が113万7253人（98％）、未成年者が5万7204人（100％）、子どもが21万2067人（100％）である。

予算と人材

　被災者の検査と治療の質向上のため、2006〜10年の地方予算で保健機関に対し医療機器が402点、金額にして235億ベラルーシ・ルーブル分が購入された。さらに毎年、国家予算から220億ベラルーシ・ルーブルが医療機器の購入のため支出されている。

　汚染地域にある保健関連施設の人材を確保するために、契約方式による医療職員の採用が導入され、ゴメリ市には医科大学が開設された。また卒業後の就職を視野に入れた入学制度も多くの医科系大学で幅広く取り入れられている。

ベラルーシ・ロシア連合国家計画の寄与

グロドノ製薬工場

　チェルノブイリ原発事故被災者に対するターゲット型専門医療の改善に大きく寄与したのは、ベラルーシ・ロシア連合国家計画の枠組みで実施された施策である。2002〜05年に、ベラルーシとロシアの被災地区の住民へ医薬品を供給するためのグロドノ製薬工場（スキデリ市）の建設と設備の整備が完了した。この施策には連合国家予算1億6120万ロシア・ルーブル、ベラルーシ共和国予算1億6250万ロシア・ルーブルを含む総計3億2370万ロシア・ルーブルが割りあてられ、錠剤やカプセル、医薬品の製造を開始した。

　高純度アミノ酸物質をベースとして年間2億個の錠剤、5000万個のカプセルの生産体制が整備され、2004年だけで計1164万1000箱分の錠剤と43万1000箱分のカプセルが生産された。医薬品企業によって10種の薬剤の製造技術も開発された。

国立放射線医学・人間生態研究センター

　同じベラルーシ・ロシア連合国家計画の枠組みで、ゴメリ市に放射線専門の予防診療所が建設され、設備の整備が完了した。この施策には連合国家計画から14億7040万ロシア・ルーブルが予算計上された。内訳は連合国家予算2億3410万ロシア・ルーブル、ベラルーシ共和国予算12億3630万ロシア・ルーブルとなっている。ベラルーシ共和国大統領の指示により、チェルノブイリ原発事故被害克服のための実践科学的施策の効果を上げるため、ベラルーシ共和国保健省令によって、ゴメリ市の専門診療所を母体として国立放射線医学・人間生態研究センターが設立された。同センターを構成するのは、放射線専門予防診療所、450床の病院および研究部門である。

　同センターの設立によって、ベラルーシ最大の被災地域であるゴメリ州に対す

国立放射線医学・人間生態研究センター（ゴメリ市）

る医療サービスの距離が劇的に縮まった。

　また同時に健康問題に取り組む研究・臨床施設の体制が抜本的に見直された。同センターは、チェルノブイリ原発事故で被災したベラルーシとロシアの両国民に専門的医療サービスを提供するユニークな複合施設となっている。

高度医療技術の開発

　2006年から2010年に向けたベラルーシ・ロシア連合国家計画によって、国立の医療センターや医療機関において、専門医療を提供するための高度医療技術や実践経験の開発と推進を狙いとした27の事業が実施された。具体的には、双眼眼底検査技術、眼球の二次元・三次元スキャニング、網膜の光コヒーレンストモグラフィ（OCT）、蛍光眼底血管造影（法）、眼底手術、内視鏡レーザー手術、染色体異常の細胞遺伝自動モニタリング、乳がんのセンチネルリンパ節発見の技術があるほか、小児の急性白血病や悪性リンパ腫の複数パラメータ免疫表現型解析と治療モニタリング技術が開発・導入された。

遠隔診断技術

　オンライン・オフラインの遠隔診断技術も導入された。この技術によって患者は直接出向かずとも国内有数の専門医の診察を受けることができるようになり、

診断材料の伝達プロセスが格段に迅速化された。この事業の枠組みで現在の遠隔医療診断ネットワークが構築され、代表的な医学研究センターやブレスト州、ゴメリ州、モギリョフ州にある州・地区レベルの15の保健機関の参加のもと、年間1000件以上の腫瘍や心臓病の遠隔医療診断を行っている。

国際社会の医療援助

医療分野の事業の実施にあたってはハイテク医療機器が導入されたが、国際社会からも多大な援助を受けている。

2004年、ベラルーシは日本政府の「草の根・人間の安全保障無償資金協力」計画の対象に指定された。この計画はチェルノブイリ原発事故被災地域の地区病院に対するハイテク医療機器の供与と人材の育成を目的とする人道支援事業の実施を目指したものである。汚染地域住民の安全対策事業を実施するため、ゴメリ州およびモギリョフ州の医療機関に対し、2004～10年に計200万米ドル相当の無償資金協力が実施された。

2006年以降、中国からチェルノブイリ原発事故被災地区に対し、240万米ドル以上の医療機器が供与されている。またゴメリ州立臨床心臓病学予防診療所の手術棟拡張と医療設備の整備に約450万米ドルが供与された。

甲状腺疾患に関する国際研究センター設置に関する事業も実施された。事業予算は114万ユーロであり、甲状腺診断・治療技術の近代化と被災者の健康状態の着実な改善を目的として、当時不足していた科学的根拠、インフラおよび知識の向上を図るものである。事業内容としては放射線誘発性甲状腺疾患に関する知見を高める研究活動、診断・治療・経過観察を行う甲状腺疾患国際研究センターの設立・施設整備、医療関係者と患者に対する知識普及が挙げられる。

健康観察制度の成果

総じて、被災者全体に健康状態の顕著な悪化は観察されていない。ここで大きな役割を果たしたのは、国民に対する能動的な健康観察の一貫した制度であろう。成人被災者のがん罹患率は、ベラルーシ国民の同じ年齢別・性別カテゴリの指標を超えていない。成人被災者のその他多くの疾病の指標についても、国の平均値の枠内にある。

3.3 被災者の健康増進およびサナトリウム療養制度の発達

無償の療養を受ける権利

被災者の健康を保ち、相応しい状態を維持するうえで重要な役割を果たしたのが、無償のサナトリウム・リゾート療養と健康増進の制度であった。

現行法では、放射能汚染地域に居住する未成年者、汚染のない地域に居住しながら汚染地域の学校に通う子ども、チェルノブイリ原発事故の影響により第1、第2級の障害を持つ非就労者は、サナトリウム療養または健康づくりに無償で参加する権利がある。

ここ数年間は、サナトリウム療養や健康づくりを希望したすべての子どもに対して、施設利用券が支給されている。

就学前児童と障害を持つ子どもは親1名が同伴し、また学童は主に教師が引率するグループ単位でサナトリウム療養に出かけている。

チェルノブイリ原発事故で被災した子どもに対するサナトリウム療養などの充足率は年々上昇している（2001年の56.7％から2010年の66.8％へ）（表10）。

表10 子どものサナトリウム療養および健康づくりに関するデータ

年	療養などの対象となる人数	実績人数	充足率(%)
2001	405,926	229,883	56.7
2002	397,885	222,370	55.9
2003	357,912	212,220	59.3
2004	334,788	208,563	62.3
2005	275,196	177,011	64.3
2006	258,462	138,982	53.8
2007	213,099	138,524	65.0
2008	195,118	128,365	65.8
2009	174,418	115,003	65.9
2010	156,876	104,856	66.8

50ヵ所以上のサナトリウムや保養施設が放射能汚染地区の子どもを受け入れている。

子どもリハビリ・健康増進センターのネットワーク

　療養や健康づくりに来る子どものグループを受け入れるため、国内では、専門のサナトリウム、「子どもリハビリ・健康増進センター」のネットワークも構築された。同センターには療養・健康増進、教育、社会・精神面のリハビリ、子どものレジャー活動に必要な環境が整っている。これらの施設における療養や健康づくりは年間を通して行われている。

　2010年に子どもリハビリ・健康増進センターの療養や健康づくりに参加した子どもは約5万6000人であり、同時期に療養した子どもの総数の53.6%にのぼる。2011年に同センターは約6万人の子どもを被災地区から受け入れる予定となっており、それ以外の子どもは別の施設で療養と健康増進活動を行う。

　同センターは、ベラルーシ国内でも環境が良い地区に置かれている。大規模な工場からも離れ、通常は近くに池や湖がある（図11）。

図11　子どもリハビリ・健康増進センターの所在地

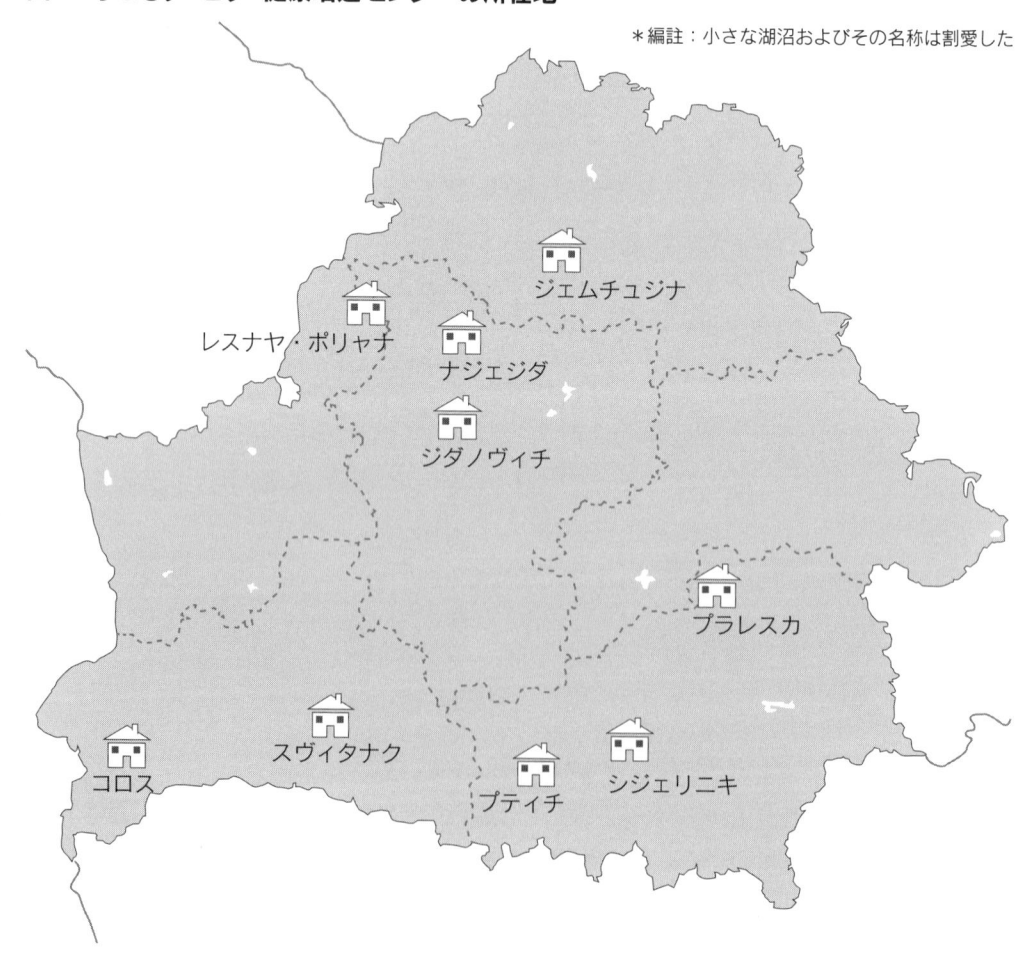

＊編註：小さな湖沼およびその名称は割愛した

ミンスク州ミンスク地区ジダノヴィチ村の子どもリハビリ・健康増進センター「ジダノヴィチ」

ミンスク州ヴィレイカ地区ブヂッシャ村の子どもリハビリ・健康増進センター「ナジェジダ」

　子どもリハビリ・健康増進センターは、子どもの療養だけでなく、病気の診断も可能な近代的医療設備を備えている。物理療法室では通常の吸入器や酸素カクテル[※51]、酸素バスに加え、電気療法、光線療法、熱療法、空気・植物療法、さらにレーザー治療、マッサージ、ジャグジーや水中マッサージも受けることができる。

　子どもの健康づくりは、薬による治療ではなく、薬草で作られた植物茶、酸素カクテル、ミネラルウォーターを中心にした治療が重視されている。

　同センターには、療養期間中も子どもが継続して勉強に取り組むために必要な条件が揃っている。普通の教室のほか、多くのセンターには化学、生物学、生態学の専門教室もある。授業は、サナトリウム療養・健康増進の専用カリキュラムに

ヴィテプスク州レペル地区ボロフカ村の子どもリハビリ・健康増進センター「ジェムチュジナ」

ゴメリ州ペトリコフ地区コパトケヴィチ村の子どもリハビリ・健康増進センター「プティチ」

したがって編成されている。

　また子どもの心理面には細心の注意が払われ、家族から遠く離れて暮らす子どもが適応しやすい環境を整えることにより、創造性の発達、自己修練、自己実現、健全な生活スタイルの形成を促している。

　同センターでの子どもの滞在期間は、療養と健康増進のコースをひととおり実施するのに必要な24日間とされている。

予算措置

　2002年からは、チェルノブイリ原発事故汚染地域に住むロシアやベラルーシの

グロドノ州スモルゴニ地区ジョヂシュキ村の子どもリハビリ・健康増進センター
「レスナヤ・ポリャナ」

　子どもの療養や健康づくりに対し、ベラルーシ・ロシア連合国家の財源から資金が拠出されている。これはベラルーシ政府予算への追加財源となっており、被災した子どもに対する療養サービスの充足率の向上や子どもの健康改善のみならず、両国の青少年の友好関係強化という点でも肯定的な役割を果たしている。

　これまでに連合国家の予算負担でチェルノブイリ原発事故の被災地区から約3500人のベラルーシの子どもが療養に参加した。
　外国からも、子どもの健康増進のための多くの支援を受けている。1990〜2010年に82万7000人の子どもたちが外国で療養を行った。最大の受け入れ国は、イタリア（39万9000人）、ドイツ（18万6000人）、スペイン（7万5000人）である。

　2010年、ベラルーシ大統領および政府によって、放射能汚染地域で暮らす子どものサナトリウム療養および健康増進の実施改善のために次のような追加的措置が決定された。
　①グループ単位で療養に参加する子どもの旅費の無料化、②未就学児童の療養を引率する親に対する特典施設利用券の支給、③非汚染地域に居住しながら汚染地域にある学校に通う生徒に対するサナトリウム療養の無償化、④療養中の子どもに対する医療処置などである。

3.4 放射能汚染モニタリングの実施

モニタリングネットワーク

　水、土壌、大気の放射能汚染のモニタリング、チェルノブイリ原発30km圏内ベラルーシ側地域の放射線量の情報更新、汚染地域の居住・生産活動条件の評価を目的とする居住区・施設の放射能汚染モニタリングは、天然資源環境保護省の支部によって実施されている（図12）。モニタリング活動の中心的な組織は、気象局の国立機関「放射線管理・環境モニタリング国立センター」である。

図12 ベラルーシ共和国における放射能（線）モニタリングシステム

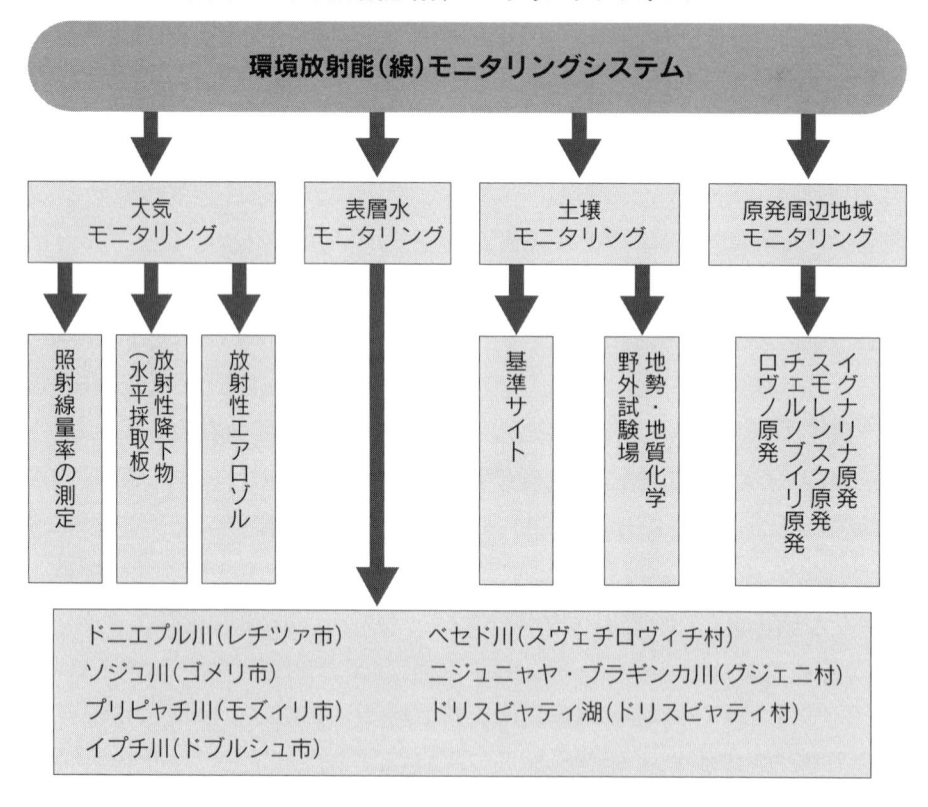

```
                    環境放射能（線）モニタリングシステム
        ┌──────────────┬──────────────┬──────────────┬──────────────┐
        │   大気       │   表層水     │   土壌       │ 原発周辺地域 │
        │ モニタリング │ モニタリング │ モニタリング │ モニタリング │
        └──────────────┴──────────────┴──────────────┴──────────────┘
```

大気モニタリング：
- 照射線量率の測定
- 放射性降下物（水平採取板）
- 放射性エアロゾル

土壌モニタリング：
- 基準サイト
- 地勢・地質化学野外試験場

原発周辺地域モニタリング：
- イグナリナ原発
- スモレンスク原発
- チェルノブイリ原発
- ロヴノ原発

表層水モニタリング：
- ドニエプル川（レチツァ市）
- ソジュ川（ゴメリ市）
- プリピャチ川（モズィリ市）
- イプチ川（ドブルシュ市）
- ベセド川（スヴェチロヴィチ村）
- ニジュニャヤ・ブラギンカ川（グジェニ村）
- ドリスビャティ湖（ドリスビャティ村）

　ベラルーシにおいては、地域ごとの放射能汚染の特徴、さらに地形や地質化学上の特徴も考慮して、恒常的な環境モニタリングのネットワークが整備された（図13）。このネットワークには121ヵ所の基準サイトや、19ヵ所の地勢・地質化学野外試験場[52]が含まれている。

図13 環境放射線生態モニタリングネットワーク

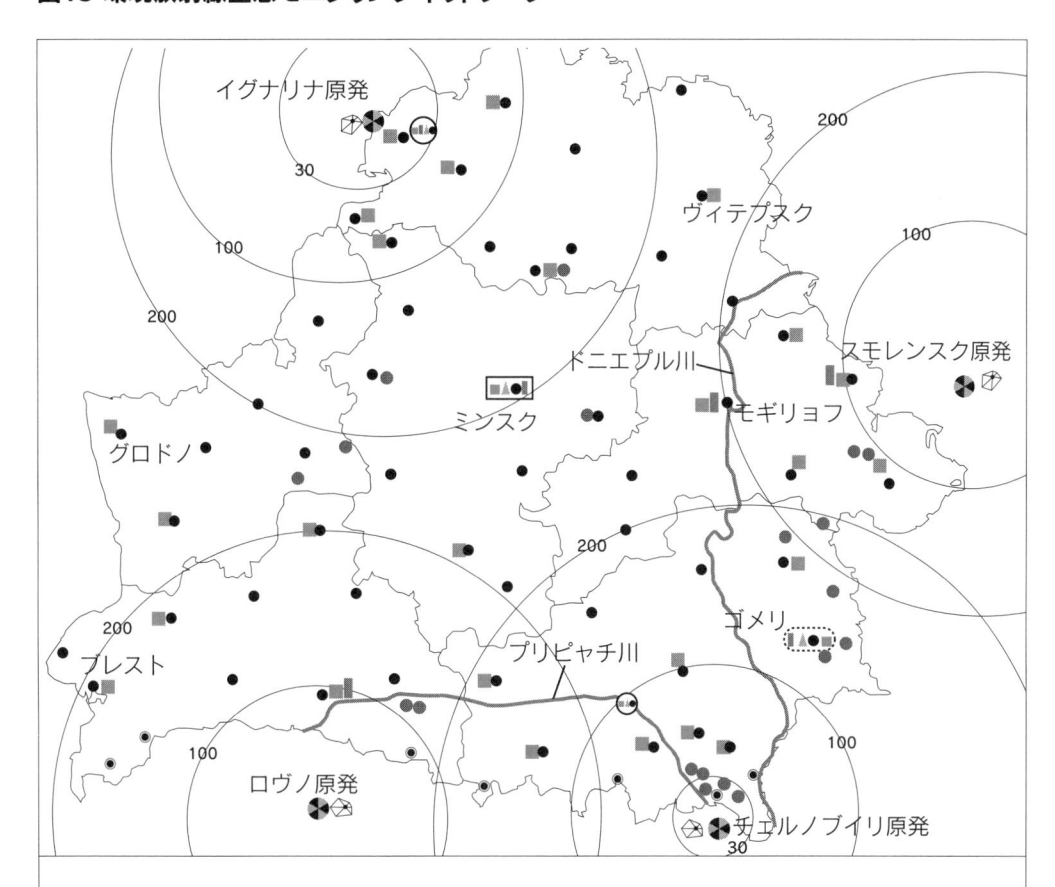

凡例：
- 主な風向（年間平均風況）
- 原子力発電所
- ガンマ線照射線量率の測定
- 地表付近大気中の放射性エアロゾル試料採取ポスト
- 放射性降下物試料採取ポスト
- 地勢・地質化学野外試験場
- ガンマ線照射線量率測定ポスト（他省庁実施）
- ガンマ線照射線量率自動測定ポスト
- ■▲● 情報収集処理ナショナル・センター
- ■▲● 情報収集処理リージョナル・センター
- ■▲● 情報収集処理ローカル・センター

＊編註：同心円は原発からの距離（km）。地区名と地区の区分け、中小河川は図が煩雑となるため省略した

ガンマ線量率の測定

計15ヵ所の常時観測ポストは、ゴメリ州（ブラギン、ゴメリ、ジトコヴィチ、ジュロビン、レリチッツィ、モズィリ、ナロヴリャ、ホイニキ、チェチェルスク）、モギリョフ州（クリチェフ、コスチュコヴィチ、モギリョフ、スラヴゴロド）、ブレスト州（ドロギチン、ピンスク）にあり、ガンマ線の線量率を毎日測定している。

このモニタリングネットワークによるガンマ線量率の測定結果を分析したところ、現在、放射能汚染地域にある町で年間平均値が原発事故以前の値を上回るのは、毎時0.57マイクロシーベルトのブラギン、毎時0.48マイクロシーベルトのナロヴリャ、毎時0.24マイクロシーベルトのホイニキ、毎時0.23マイクロシーベルトのチェチェルスク、毎時0.22マイクロシーベルトのスラヴゴロドであった。ほかの地域の線量率は自然放射線のバックグラウンド（最大毎時0.20マイクロシーベルト）を超えなかった。ほかの観測ポストの線量率も原発事故前の値と同水準である。

非常事態に対応できる自動管理システム

自動管理システムを備えた環境放射線モニタリングシステムは、人為的要因による非常事態の場合に高いレベルの国家対応が可能なシステムである。

大気中の放射能

11ヵ所の観測ポスト（ブラギン、ゴメリ、レリチッツィ、モズィリ、ナロヴリャ、ホイニキ、チェチェルスク、コスチュコヴィチ、モギリョフ、スラヴゴロド、ピンスク）では、大気からの放射性降下物が測定されている（水平採取板が設置されている）。モギリョフ、ゴメリ、モズィリ、ピンスクでは大気中の放射性エアロゾル[53]濃度がフィルター装置を利用して測定されている。

地表付近の大気中の放射性核種の放射能は、大気のダスト含有量、つまり風による舞い上がりという二次的過程に大きく左右される。しかも、降雨は大気中の放射性エアロゾルの放射能を3分の1から4分の1にまで低下させる。大気中のセシウム137濃度と全ベータ放射能[54]は、長年にわたり測定された値に合致していた（超過した場合に防護措置が実施される放射性エアロゾルの全ベータ放射能の基準値は、3700×10^{-5}ベクレル／m^3である）。地表付近の大気中の自然放射性核種の放射能は、長年の平均値に合致していた。

表層水の放射能

　表層水の放射能モニタリングは、チェルノブイリ原発事故で汚染された地域を流れるベラルーシの6河川で実施されている。具体的には、ドニエプル川（レチツァ市）、プリピャチ川（モズィリ市）、ソジュ川（ゴメリ市）、イプチ川（ドブルシュ市）、ベセド川（スヴェチロヴィチ村）、ニジュニャヤ・ブラギンカ川（グジェニ村）である。

　表層水の放射能汚染検査システムは、水中の放射性核種濃度や、増水時に河川の水質調査地点を越えて押し流される放射性核種の量を迅速に評価することができる。

　チェルノブイリ原発事故直後の水中の放射性核種濃度の増加が水面への直接降下物によるものだとすれば、現在の表層水の放射能汚染レベルは次のような二次的過程によるものだといえる。

- 雨水、雪解け水、氾濫水により河川表層から放射性核種の流出が起こる
- 「堆積物・水」間で放射性核種の置換が起こる
- 水に溶けた状態や懸濁した状態で水流に運搬され、河床において放射性核種の再配置が起こる

立入禁止区域内河川からの放射性核種の浸食

　汚染状況が固定化した現在、顕著なのは一部または全体がチェルノブイリ原発立入禁止区域内を通る河川のみに特徴的に見られる、流域面積からの放射性核種の浸食である。

　現在、ニジュニャヤ・ブラギンカ川（グジェニ村）を除き、検査対象のすべての河川において、セシウム137およびストロンチウム90の平均濃度は国の飲料水基準（セシウム137は10ベクレル／リットル、ストロンチウム90は0.37ベクレル／リットル）よりも大分低い。例えばセシウム137の濃度は、プリピャチ川（モズィリ市）0.008〜0.012ベクレル／リットル、ソジュ川（ゴメリ市）0.008〜0.052ベクレル／リットル、ベセド川（スヴェチロヴィチ村）0.01〜0.064ベクレル／リットルである。ストロンチウム90の濃度は、プリピャチ川（モズィリ市）0.006〜0.018ベクレル／リットル、ソジュ川（ゴメリ市）0.019〜0.043ベクレル／リットル、ベセド川（スヴェチロヴィチ村）0.021〜0.040ベクレル／リットルである。とはいえ、セシウム137とストロンチウム90の濃度は、原発事故前の値よりもまだ高いことを指摘しておく。

ニジュニャヤ・ブラギンカ川（グジェニ村）のストロンチウム90の濃度は国の衛生基準RPL-99（「食物および飲料水の放射性セシウムおよび放射性ストロンチウム濃度国家基準値1999年」）を超えている（2.5～15倍）。この川の表層水の放射性核種濃度がほかの河川に比べて高いのは、河川流域の一部がチェルノブイリ原発立入禁止区域を通っているからである。

河川運搬による国境をまたぐ汚染
　国境の水質調査地点を越えて運ばれる放射能汚染の評価は、プリピャチ川、イプチ川、ベセド川で行われている。
　プリピャチ川（ベラルーシ・ウクライナ国境の水質調査地点）における放射能モニタリングのデータによれば、国境を超えて運ばれるセシウム137の量は時間の経過とともに明らかに減少している。1987～2009年にプリピャチ川の表層水によって運ばれたセシウム137の総放射能は36.89テラベクレル（1テラベクレル＝10^{12}ベクレル）であった。国境を越えて運ばれるストロンチウム90の量は、プリピャチ川河岸の年間冠水量によって変わってくる。1987～2009年に運ばれたストロンチウム90の総放射能は69.63テラベクレルであった。
　イプチ川とベセド川はソジュ川の最大の支流であり、これらの支流はベラルーシ・ベリャンスク間の、セシウム137の汚染レベルが1～60キュリー／km^{2}の「セシウム・スポット」を通っている。
　チェルノブイリ原発事故後の最初の数年間はイプチ川とベセド川の表層水によってセシウム137が国境を越えて運搬されるのがはっきりと観察されたが、現在はこれらの河川によるセシウム137の国境を越える移動は減り、流域のセシウム137総蓄積量の1％を下回る。
　水による運搬、貯水池底への浮遊物の沈降、自然崩壊などのダイナミックなプロセスによって、大・中規模河川におけるセシウム137濃度は格段に減少した。これらの河川の表層水中のセシウム137濃度が低下した主な要因は、土壌中の核種のイオン交換態[※55]が減り、流域表層からの放射性核種の流出が著しく減少したことと考えられる。

湖沼や貯水池などの汚染
　閉鎖水系や湖のような半閉鎖水系では、流域からの放射性核種の流出によって、表層水中のセシウム137とストロンチウム90の総放射能は近似するが、多くの場合（チェルノブイリ原発の立入禁止区域内において）、国の衛生基準値を超えてい

る。湖、閉鎖型貯水池、灌漑用水路などは、底の堆積物に高レベルのセシウム137を蓄積するのが特徴である（最大4万9000ベクレル／kg）。

土壌汚染の実態調査

　土壌中の放射性核種の移行プロセスを研究するために利用されているのが、地勢・地質化学野外試験場のネットワークである。

　最も重要な課題のひとつは、放射性核種の垂直方向の挙動の調査である。このプロセスの特徴を明らかにすることで、さまざまな生成の土壌の自然浄化の法則性を解明し、放射性核種が地下水へ移行する潜在的可能性を評価することができる。

　以前と比較して、放射性核種の移動性は低下している。コロイド粒子[※56]の一部として水分とともに土壌深部に移動（移流）しやすい放射性核種については、さまざまな水性の土壌中における直線速度[※57]の低下が見られる。チェルノブイリ原発事故後の最初の数年間は、移動性の高い放射性核種が土壌の垂直方向に再分布するのに移流が目立った役割を果たした。一方、現在の放射性核種の移動を既定するメカニズムは拡散である。これにより、放射性核種の垂直移動のパラメータの安定化が見られ、セシウム137の直線速度は1993年からの調査観測期間内にさまざまなタイプの土壌においてほぼ等しく、年0.20〜0.35cmとなった。これよりも程度は低いが、同様の傾向はストロンチウム90にも見られる。

　この現象は、土壌表層に降下して土壌の吸収機構との相互作用を起こす放射性核種の大部分が固定態[※58]となり、セシウム137がコロイド粒子とともに土壌垂直方向深くに移行できないのが原因である。地質化学上の障壁（放射性核種を固定化し土壌深部への移行を阻止する芝土の厚い層、腐植土の層、粘土質のミネラル層）があることも、放射性核種の移動性を低下させる要因となっている。セシウム137とストロンチウム90の多くの部分は、植物が根を張る土壌上層に存在している。

農地の放射能検査

　農地の放射能検査は、州の農業化学研究所によって4年ごとに実施されている。土壌試料の採取は各基準区画（平均面積9ヘクタール）から行われる。放射能検査結果の分析によれば、現在、農地の放射能汚染状況は安定化し、改善の傾向を示している。1992年から土地利用面積が2.6％減少したが、1キュリー／km²以上のセシウム137で汚染された土地面積は25.8％減少し、0.15キュリー／km²以上のス

トロンチウム90で汚染された土地面積は34.6％減少した。

森林汚染のモニタリングネットワーク

　チェルノブイリ原発事故の結果、ベラルーシの広域にわたる森林が放射能汚染された（国の森林総面積の20％）。

　チェルノブイリ原発事故から現在まで、森林の生態系は、放射性核種を強く引き留める性質を持ち、放射性核種が汚染地域外へ移行するのを阻止する、放射性核種の拡散に対するある種の「バリア」として機能してきた。

　林業省における森林放射線モニタリングは、1993〜95年に構築された、89ヵ所の常時観測ポストのモニタリングネットワークによって実施されている。2003年にゴメリ州とモギリョフ州の国家生産林業公社の森林管理局と、国境を接するロシア連邦ブリャンスク州の森林管理局で、このネットワークにさらに20ヵ所の常時観測ポストが追加された。

　これらのポストでは、落葉や林床植物から成る土壌、高木層およびその部位（木質部、樹皮、枝、針葉、広葉）、亜高木層（若木）、低木層（藪）、林床植物、キノコ類の汚染を調査している。これとは別に、2003年には、キノコ類やベリー類の放射性核種による汚染を長期的に調査するため100ヵ所以上の検査サイトが設けられた。モニタリング結果は全期間にわたりデータベース化され、森林の生態系汚染の動態を予測するのに役立っている。

森林汚染の評価

　森林のガンマ線量率については、放射性核種の自然崩壊や土壌深部への移行による段階的な減少（年間最大2％）が見られる。

　放射線モニタリングの実施を通して、土壌および落葉層の汚染濃度、ガンマ線量率、森林の主要な植生の放射能濃度が緩慢なペースで低下していることがわかったが、このことはチェルノブイリ原発事故による放射能汚染が長期的な問題であることを示している。

　セシウム137が土壌から樹木へ移行する度合いは、生育環境（森林の種類、森林・植生の生育環境）に左右される。放射性核種のマツ科植物への移行は、コケモモ類の茂みの多い森では最大になり、カタバミ科やシダ科植物の多い森では最小となる。

　高木層およびその部位（木質部、樹皮、枝、針葉）、亜高木層、低木層のセシウム137の濃度は徐々に減少している。

林床植物のなかでは、セシウム137の最大濃度はコケ層、シダ植物で観測された（図14）。

野生キノコ類のセシウム137による汚染は引きつづき高いレベルに留まっている。セシウム137を蓄積しやすいキノコ（チチタケ、ナメハツタケ、カラハツ、イグチ、ヤマドリダケ）は、移行係数[※59]が$50×10^{-3}m^2$／kgに達する。最も付加価値の高いキノコ（アンズタケ、シロキノコ、ヤマイグチ、キンチャヤマイグチ）は、セシウムの蓄積量が中程度のグループに分類されるが、特定種類の森林においてその移行係数はセシウム137濃度が基準値を超えないレベルに近づいている。

図14 土壌から林床植物へのセシウム137の移行係数

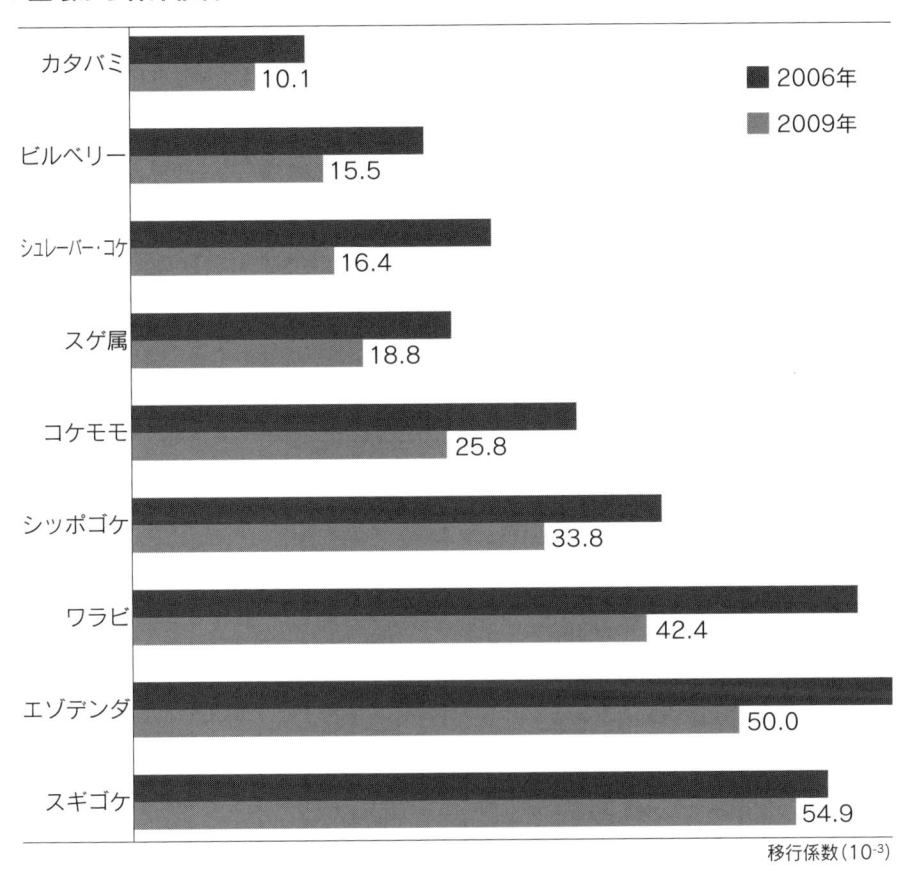

植物	2009年
カタバミ	10.1
ビルベリー	15.5
シュレーバー・コケ	16.4
スゲ属	18.8
コケモモ	25.8
シッポゴケ	33.8
ワラビ	42.4
エゾデンダ	50.0
スギゴケ	54.9

移行係数(10^{-3})

汚染面積の変化

現在、放射能汚染地域の森林面積は184万ヘクタール、国全体の森林面積の

19.6％である。放射性核種で汚染された森林の大部分は林業省（85％）およびチェルノブイリ原発事故被害対策局（12％）の管轄下に置かれており、その内訳はゴメリ州120万ヘクタール（汚染森林面積の63％）、モギリョフ州50万ヘクタール（同24％）となっている。

　林業省の所管組織が管轄する放射能汚染地域の森林面積は157万ヘクタール（全森林面積の19.5％）にのぼる。森林区画24万〜26万ヘクタール（汚染森林総面積の15％）の実測結果によれば、毎年、汚染森林面積は減少の傾向にある（年平均2.6％減）。

モニタリングデータの活用

　放射能モニタリングのデータは国家機関、地方執行・監督機関、法人に提供され、天然資源の合理的利用・環境保全に関する国家計画、チェルノブイリ原発事故被害克服に関する国家計画、住民の放射線安全に関する国家計画を策定する際に参照されている。また天然資源の合理的利用、環境および表層水・地下水の保全に関する地域総合基本計画の策定、住民に対する放射線環境の情報提供にも利用されている。

　放射能モニタリングのデータは、汚染地域住民の安全な暮らしに関わる施策を支えている。

3.5　農業における防護措置

最大の被害、農地の放射能汚染

　農業用地は長寿命放射性核種によって広範囲に汚染されたため、以降長期にわたり放射能汚染下で農業を経営する必要性が生じた。汚染地域は農業を集約的に営んできた地域であるため、農地の放射能汚染はチェルノブイリ原発事故の最も甚大な被害のひとつと見なされている。

　放射能汚染状況の分析は、各州の農業化学研究所によって4年ごとに実施され、各基準区画（平均面積9ヘクタール）から土壌試料が採取される。

　2011年1月1日現在、セシウム137の汚染が37〜1480キロベクレル／m^2（1〜40キュリー／km^2）の100万9900ヘクタールの農地で農業生産が行われている。また34万8200ヘクタールの土壌は5.6キロベクレル／m^2（0.15キュリー／km^2）を超え

る濃度のストロンチウム90によっても汚染されている。

セシウム137で汚染された農地の大部分はゴメリ州（56.9％）とモギリョフ州（26.6％）に集中している。ブレスト州、ミンスク州、グロドノ州では、汚染農地は農地全体のそれぞれ7.7％、5.5％、3.2％を占める。

農産物の放射能汚染は、主に放射性核種が植物の根を通じて吸収され、さらに植物から畜産物に移行することで形成される。セシウム137とストロンチウム90の土壌汚染濃度が等しければ、土壌から植物への移行量は、移動性の高いストロンチウムがセシウムよりも平均で10倍高くなる。

農畜産物への放射性核種の移行と蓄積

農作物への放射性核種の蓄積は、土壌側の汚染濃度、形態、粒度分布、農業化学的特性、植物側の生物学的特徴によって決まる。

土壌から植物への放射性核種の移行係数は、セシウム137やストロンチウム90が土壌の吸収機構によって固定化する程度に応じ、時間とともに変化する。2000年から2010年にかけて、セシウム137の移行係数は5～20％低下した（泥炭性土壌の場合は5％、ジョールンポトゾル性土壌の場合は最大20％）。

ストロンチウム90の場合、移行係数はセシウム137よりもかなりゆるやかに低下しており、今後10年間で統計的に有意な変化は期待されない。これは各種予測を行う際に考慮すべきことである。

飼料から畜産物への放射性核種の移行は、飼料の栄養価・ミネラルバランス、動物の年齢、生理的状態、家畜の生産性に応じて変動する。

畜産物の放射能汚染は、飼料成分の汚染（干草、飼料用含水干草、貯蔵飼料など特定種類の飼料の汚染）に関するデータに基づいて予測される。ストロンチウム90に比べてセシウム137は飼料から牛乳・肉への移行が大きい。

農業の防護措置

多くの場合（50～70％）、被ばく線量に最も大きく寄与するのは食物を通して人体に取り込まれる放射性核種であるため、住民の放射線被ばくの低減に伴う問題は、何よりも農業分野の一連の防護措置によって解決される。

チェルノブイリ原発事故から現在に至るまで、国内の放射能汚染地域における農業生産は科学的勧告にしたがって実施されている。

農業関係機関は、農産物への放射性核種の移行を低減させる農業化学、土地改

良学、工学上の防護対策を策定した。「土壌の放射能汚染下における農業生産の実施に関する勧告」は5年ごとに見直し・追加されている。

事故後の防護措置の実施は、2つの段階に分けられる。第1段階は1986年から1992年、第2段階は1992年から現在である。

第1段階では、放射性核種濃度が基準値を満たす食物を収穫できないほど土壌汚染濃度の高い土地が土地利用から除外された。ストロンチウム90の蓄積が多いルピナス、エンドウマメ、クローバー、ソラマメ、その他の豆類は栽培から外された。また酸性土壌の石灰処理が広範囲で実施され、リン・カリ肥料が増量された。湿地帯の大部分では、芝土の水抜きと耕起、採草地や放牧地の草地化・草地更新が行われた。

第2段階では、農業化学・技術対策が継続して実施された。また土壌汚染下における農業生産の実施に関するさまざまな勧告が策定されたほか、食物および飲料水の放射性セシウムおよび放射性ストロンチウム濃度基準（RPL-99）、農業原料および飼料のセシウム137およびストロンチウム90の濃度基準、放射性核種の蓄積が最小限となる農作物生産のための一連の勧告や提言も作成された。

畜産業の防護・再生策

各種防護措置を実施する際に基礎となるのは、土壌の定期的な農業化学・放射線学検査や農作物の恒常的な放射能検査から得られるデータである。

チェルノブイリ原発事故後の畜産業における防護・再生施策は、次のとおり3段階に分けて考えることができる。

- 第1段階（1986〜89年）：家畜の放射線障害や畜産物への放射性核種の移行を防止するために畜産業の制限措置をとった
- 第2段階（1989〜2000年）：畜産物へのセシウム137とストロンチウム90の移行を低減するために農地改良学、畜産学、獣医学に基づく施策を積極的かつ大規模に実施した
- 第3段階（2000年〜）：最も費用対効果の高い防護措置や、管理的対策を広範に実施し、汚染が最も著しい農場に発展・再生計画を取り入れた（再生期）

農業生産における防護措置の体制を図15に示す。

図15 農業生産の防護措置システム

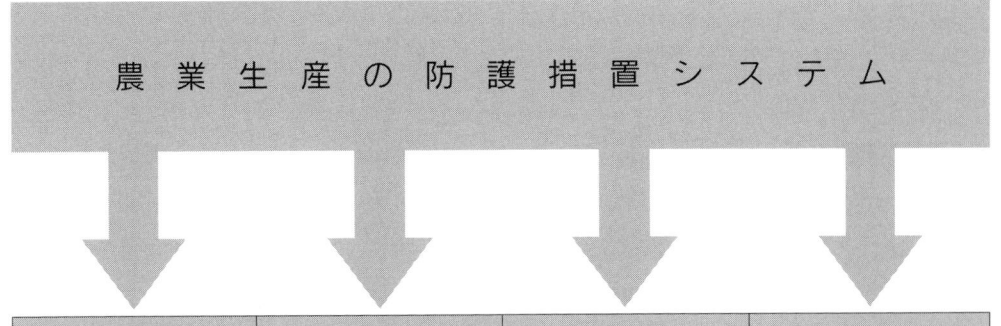

```
農業生産の防護措置システム
```

管理的対策	技術的対策	農業化学対策	畜産・獣医学対策
●土地利用からの除外 ●農場の特化分野の変更（作目転換） ●土地利用や作付・輪作体系の最適化 ●放牧地と採草地の確保	●農産物の表面処理と洗浄 ●農産物の前処理 ●農産物の集中加工	●酸性土壌の中和 ●リン・カリ肥料の最適量の標準化 ●有機肥料の使用 ●植物への窒素肥料の最適化 ●微量要素肥料の使用 ●農薬の使用	●家畜の年齢や利用目的に応じた専用飼料の利用 ●家畜放牧の規制、全乳と加工乳の家畜を区別した放牧 ●飼料へのセシウム吸着性フェロシアン化物の使用

土地利用の最適化

　土地への投資は土壌肥沃度が平均よりも高い場合にのみ効果が期待できる。そのため、畑や用地の肥沃度、耕作適性、位置の評価に基づいて、段階的に土地利用の最適化が行われている。

　低評価（等級20以下）の生産性の低い耕作地は草地化され、牧草や飼料として使用されている。肥沃度が最も低い砂質土壌や湿地で、セシウム137による汚染が555キロベクレル／m²、ストロンチウム90による汚染が37キロベクレル／m²を超える土地は植林地化される。生産性の低い土地1ヘクタールを耕作地から除外することによる経済効果は、年間50米ドルに相当する。

作付け体系の最適化

　土壌から収穫物への放射性核種の移行を低減する最も手近な方法は、放射性核種の蓄積が最小限に抑えられる作物や品種を選択することである。

栽培作物の放射能汚染を予測することによって、作物の用途（食料、飼料、工業加工品など）に応じ、汚染土壌に適した作物の組み合わせや輪作地および個々の区画への作付けの配置を適時に計画することができる。

　放射線防護および経済的観点から重要な措置として、マメ科で高タンパク質の作物（クローバー、ウマゴヤシ、エンドウマメ、ルピナスなど）の作付面積の割合を増やしていくことが挙げられる。事故後数年間は、マメ科の作物はセシウムやストロンチウムの蓄積量が多い作物として作付けから除外されていた。このタンパク質不足の部分的な解決法として、栽培にあたって土壌汚染濃度の制約がほとんどないセイヨウアブラナの作付けを拡大する方法もある。土壌の性質、汚染の特徴、作物の利用目的などに応じて、多収性作物（セイヨウアブラナ、ヒマワリ、小麦、トウモロコシ粒、亜麻など）の作付けを増やしている。

土壌肥沃度の向上による投資回収率の改善
　腐植土・リン・カリウムが不足しないバランスを維持することによって、放射性核種濃度が基準値を満たす品質のよい作物の生産が可能となり、農業生産への投資を回収することができる。農業用地1ヘクタールに対する無機肥料200〜250kg（有効成分）の使用は、採算がとれる農作物生産の必須条件のひとつである。
　従来の対策である土壌の石灰処理、リン・カリウム系肥料の増量に加え、十分な量の新型の窒素系肥料や配合肥料が使用されている。具体的には、個々の作物に遅効性のカルバミド（尿素）、硫酸アンモニウムおよび配合肥料をバランスよく使用すれば、収量が20〜40％増加し、採算性が向上する。

　例として、フミン酸（腐植酸）を混ぜたカルバミド1トンは、5トンの収穫増をもたらし、純利益は250米ドルに相当する。新型のカルバミドは土壌中で無機窒素が一時的に過剰となる状態をつくらず、収穫物への放射性核種の追加的蓄積を誘発することはない。その結果、窒素の損失を3分の1減らし、標準的な無機肥料と比較して、作物中の放射性核種と硝酸塩の含有量を10〜30％減少させることができる。また少量の微量要素[※60]肥料の葉面散布によって、農作物や飼料用作物の収穫量と質が向上する。農薬を体系的に使用すれば、秋まき・春まき作物の収穫は1ヘクタール当たり600〜800kg増加し、無機肥料の採算性は20〜35％向上する。

作目転換

　科学的根拠のある防護措置を講じても放射能汚染のない作物を安定的に生産できない農業組織では作目転換計画が実行に移された。

　畜産分野では、作目転換によって酪農が肉牛生産に転換され、家畜の放牧や畜舎の改修が行われた。

　計算によると、ストロンチウム90による土壌の平均汚染濃度が20キロベクレル／m^2、セシウム137による汚染濃度が1000キロベクレル／m^{2}の農地で収穫された粗飼料500トンを利用する場合、放射性ストロンチウム2.9メガベクレル（1メガベクレル＝10^{6}ベクレル）と、放射性セシウム67.6メガベクレルが牛乳に移行する。このような乳製品を住民が消費した場合、1.1シーベルトに相当する内部被ばくの集団線量が生じる恐れがある。

　同じ飼料で肉牛を飼育する場合は、集団線量は0.04シーベルト、つまり汚染された牛乳を飲む場合の約3％である。このように放射線防護の観点からは、酪農よりも肉牛飼育がはるかに望ましい。

　セシウム137が40メガベクレル、ストロンチウム90が22メガベクレルの放射能を持つ汚染穀物500トンから製造されたパンやパン菓子類を消費した場合、住民の集団線量は0.87シーベルトとなる。他方、同じ汚染穀物を牛、豚、ブロイラーの飼料として利用し、それらの肉を消費した場合、集団線量はそれぞれ、0.02、0.03、0.03シーベルトとなる。いい換えれば、住民の被ばく量は20分の1から30分の1程度に低減される。

　耕種農業[61]の作目転換の基礎に据えられたのは、放射性核種の蓄積が最小となる作物栽培と作付面積内訳の改善、穀物や多年生植物の種子生産の拡大、需要に応じた飼料の増産である。

　2010年、大統領の指示によって実施された、法定汚染のない農畜産物生産を目的とした作目転換計画が完了した。作目転換は、計57の農業組織、汚染農地を有するゴメリ州とモギリョフ州の全農業組織の19％で実施された。計画実施のため、2002～10年に1420億ベラルーシ・ルーブルが支出された。その内訳はゴメリ州で1090億ベラルーシ・ルーブル、モギリョフ州で330億ベラルーシ・ルーブルである。

放牧地・採草地の確保

　重要な防護措置として挙げられるのが、公共・民間セクターともに牛1頭当たり1ヘクタールで計算される放牧地と採草地の確保である。4、5年に1度の草地更

新や毎年の追肥を必須条件とする。牧草の質を保つための手入れも定められている。

牧草の汚染度を下げる完全・簡易更新

　この対策は飼料生産では最も効果があり、牧草の汚染度を2分の1から6分の1程度に減少させる。原発事故から最初の10年間は、すべての農業組織で生産性の低い草地の完全更新[※62]が行われた。現在は、セシウム137のみに汚染された土地66万ヘクタールのうち、土壌汚染濃度が185キロベクレル／m^2未満の50万ヘクタールで、肥沃度が維持される限り、法定汚染のない飼料を生産できるようになった。残りの16万ヘクタールは、生産性の低い放牧地や採草地だが、乳牛の放牧や飼育において法定汚染のない牛乳を生産できるように完全更新や簡易更新[※63]を行う必要がある。

　現在、防護措置としての放牧地の更新は、前年の牛乳のセシウム137濃度が基準値を超えた居住区で優先的に行われている。

　バランスのよい無機肥料の追肥によって、牧草地の生産性と利用可能期間を2倍に増やし、牧草飼料のコストを3分の1に下げることができる。

吸着剤によるセシウム移行量の減少

　動物性食品（牛乳、肉）への放射性セシウムの移行量は、胃腸内で放射性核種を選択的に吸着するセシウム吸着剤を動物の飼料に混ぜることで、2分の1以下に減少する。この目的のために、フェロシアン化物[※64]を添加した動物用薬剤や特別配合飼料の製造・供給体制が整えられた。

　近年は、十分な面積の良質な放牧地や採草地がない居住地の個人農家の乳牛にフェロシアン化物配合飼料が供給されている。2001〜09年に8万8200頭の乳牛にフェロシアン化物が投与された。

　防護措置の有効性の量的評価は、2つの評価基準から行われる。第一に、汚染地域にある大規模農場や個人農家から加工用に出荷される主な原料（牛乳、肉、穀物）の放射性核種濃度が比較される。

　放射能検査の結果、放射性核種濃度が保健衛生基準（RPL-99）より低い値で安定、あるいは減少を続けていれば、当該防護措置は有効であると見なされる。加工に向けられる農業原料の放射性核種平均濃度が2年以上にわたり増加を示す場合、防護措置は見直しの対象となる（表11）。

　保健省衛生疫学局あるいは牛乳加工業者が実施する放射能検査の結果も、防護

措置の有効性評価に利用されている。

　第二に、防護措置の重要な評価基準となるのは、最適な農業化学的特性を持つ土壌や良質な採草地や放牧地が占める割合の変動である。この基準による評価は、4年に1度、農場や地区ごとに2回にわたり実施される農業化学調査の結果を比較して行われる。

表11 農業化学上の防護措置の有効性評価基準

指　標	事　例	有効性の判定	データの出所
地区・州における放射性核種が基準値を超える作物生産（RPL衛生基準が一定として2～5年の間）	放射性核種濃度が基準値を超える作物の量が減少する（あるいは不検出）	効果あり	衛生疫学局、獣医学局、農業食糧省、加工場の検査所
	放射性核種濃度が基準値を超える作物の量が増加する	効果なし	
農畜産物の放射性核種濃度の低下	作物の放射性核種濃度が低下、あるいは以前と同レベルを維持する	効果あり	衛生疫学局、獣医学局、農業食糧省、加工場の検査所
	作物の放射性核種濃度が上昇する	効果なし	
放射性核種で汚染された土壌の肥沃度維持（4年以上）	土壌肥沃度の指標（pH、移動しやすい形態のカリウム・リンの濃度）が維持される、最適な農業化学的特性を持つ土壌の割合が増加する	効果あり	各州の農業化学研究所、2回以上の土壌農業化学調査の結果
	土壌肥沃度の指標（pH、移動しやすい形態のカリウム・リンの濃度）が低下する	効果なし	

防護措置の効果

　チェルノブイリ原発事故後の最初の数年間（1987～92年）は、これらの対策が非常に高い効果を示した。セシウム137が農作物へ移行する量は格段に低下し、食物摂取によって生じる住民の内部被ばく線量が低減した。耕種農業における防護措置の効果は次の期間（1992～2005年）に、平均で20～50％低下した。原発事故から現在までセシウム137の農産物移行量は10分の1から12分の1に減少した。ストロンチウム90が食物へ移行する量は、防護措置などによって3分の1に低下した。表12にいくつかの防護措置の効果を紹介する。

表12 防護措置の効果

技術手段	効 果
主耕起と追加耕起の混合、浅耕（ディスク、チゼル）・最小耕起法の採用、土壌形態や水分保持性の考慮、生産効率の高い機械の導入	農産物の放射性核種濃度が76%まで減少
土壌の石灰処理（中和）	農産物の放射性核種濃度が1/3～2/3に減少
有機肥料の使用	農産物の放射性核種濃度が76%まで減少
新型遅効性窒素肥料の使用	農産物の放射性核種濃度が71%まで減少したほか、ジャガイモ、野菜および飼料作物の窒化物が減少
リン肥料の使用	農産物のセシウム137濃度が2/3に減少したほか、ストロンチウム90は28～83%に減少
カリウム肥料の使用	農産物のセシウム137濃度が1/2まで減少したほか、ストロンチウム90は2/3まで減少
放射性核種蓄積量が最小となる作物の種類・品種の選択	植物の種類によって農産物の放射性核種濃度が最大1/30に減少したほか、品種によって最大1/7に減少
採草地・放牧地の完全更新	牧草の放射性核種濃度が16～40%に減少
採草地・放牧地の簡易更新	牧草の放射性核種濃度が34～66%に減少
畜牛へのフェロシアン化物添加セシウム吸着材の投与	牛乳や食肉の放射性核種濃度が1/2～1/3に減少
家畜の年齢などを考慮した特別飼料の使用	牛乳や食肉の放射性核種濃度が40～66%に減少

食物の品質改善

　1986～87年にセシウム137濃度が高いため食料に不適とされた穀物は最大34万トンであり、そのうちジャガイモは8万9500トンであった。それに対し現在は、実質的にすべての穀物でセシウム137濃度は保健衛生基準に適合しており（図16）、ジャガイモと野菜についてはセシウム137だけでなく、ストロンチウム90の濃度も基準を満たしている。

　公共セクターの牛乳生産については、1986～87年にセシウム137濃度が基準値を超えたのは52万4600トンであった。2008年、最も汚染の著しかったゴメリ州でセシウム137濃度が100～370ベクレル／リットルの牛乳の量は約90トンであり、これらは加工用に回された。モギリョフ州、ブレスト州の牛乳のセシウム137濃度はそれぞれ最大でも37ベクレル／リットル、65ベクレル／リットルであった（基準値は100ベクレル／リットル）。

図16 公共セクターにおけるセシウム137濃度が基準値を超える穀物・牛乳の生産量の推移（単位：1000t）

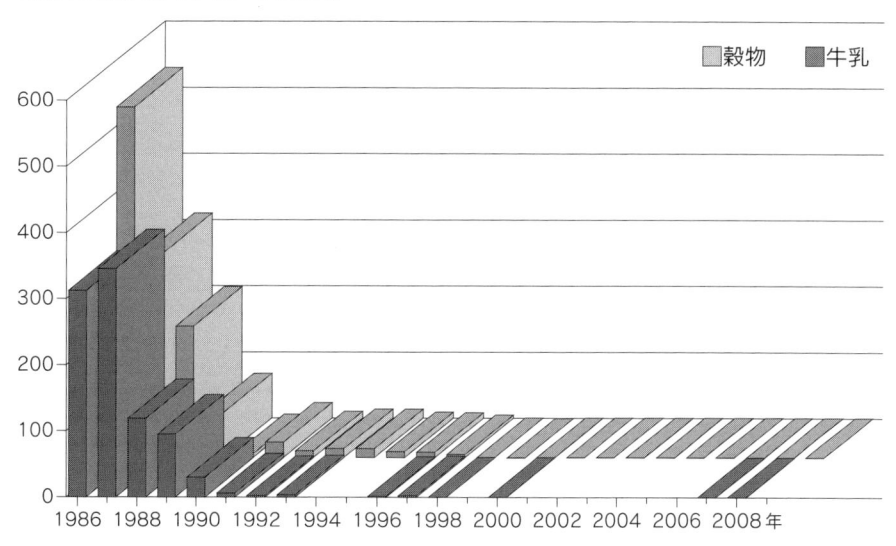

対策を講じたことによって個人農家が生産する食物の品質は著しく改善された。牛乳のセシウム137濃度が100ベクレル／リットルを超える事例が1件でも報告された居住区の数は、最近3年間で37％に減少した。2010年の時点でそのような居住地は25ヵ所ある（図17）。

図17 個人農家生産の牛乳にセシウム137濃度の基準値超過が確認された居住区数（国全体）

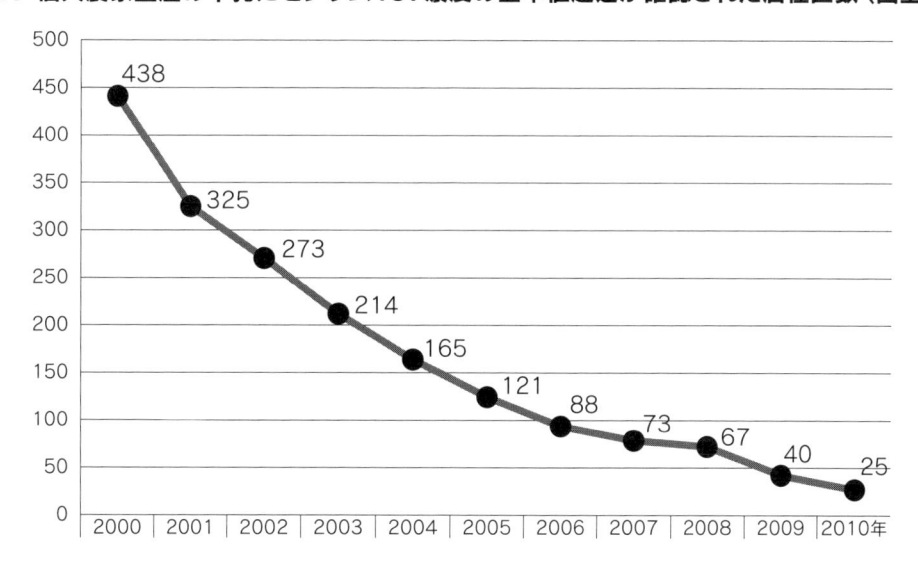

年	2000	2001	2002	2003	2004	2005	2006	2007	2008	2009	2010
居住区数	438	325	273	214	165	121	88	73	67	40	25

肉牛は肥育の最終段階で放射性核種濃度の低い飼料を与えることにより、食肉工場の屠殺前放射能検査から返却されることはほぼなくなった。2008年に返却された牛は1頭のみであった。2009年にはすべての乳製品、牛肉および豚肉が放射性核種濃度の基準を満たした。

　作目転換計画の実現によって、食物のセシウム137濃度は安定して低くなった。2003〜05年には食肉工場からの牛の返却は83頭あったが、2009年および2010年は返却された牛は1頭もなかった。2010年に生産された牛乳は全量、全乳のセシウム137濃度基準値（100ベクレル／リットル）を満たした。食肉とジャガイモもセシウム137とストロンチウム90の濃度基準を満たしている。

　一連の防護措置によって、汚染土壌の肥沃度を極度に低下させることなく、大部分の土壌では酸性を中和し、一部の汚染土壌では移動性の高いリンの含有度を高めることができた。耕作面積の半分においてカリウムの含有度は最適なレベルに保たれている。

農業分野の防護措置への財政支出

　農業分野の防護措置には国の予算から毎年5000万〜6000万米ドル、汚染農地1ヘクタールあたり51〜55米ドルが支出されている。最近10年間の財政支出の変動を図18に示す。

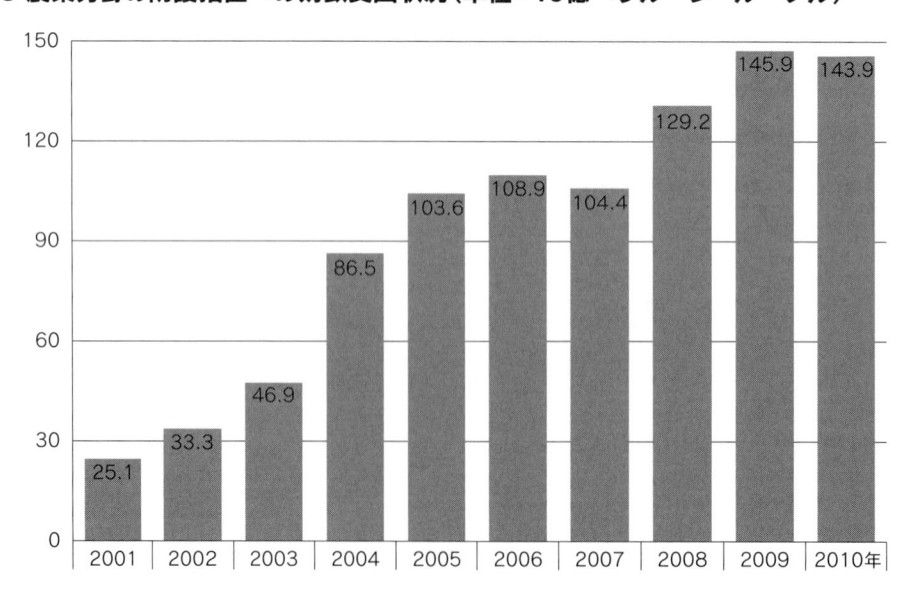

図18 農業分野の防護措置への財政支出状況（単位：10億ベラルーシ・ルーブル）

年	金額
2001	25.1
2002	33.3
2003	46.9
2004	86.5
2005	103.6
2006	108.9
2007	104.4
2008	129.2
2009	145.9
2010年	143.9

1996〜2010年を平均すると、農業分野の防護措置総支出額の70%が耕種農業の防護措置に対して支出されている。また地域別に見ると、財源の大部分（59%）はゴメリ州に投下されている。

農業分野の防護措置の規模

2008年8月6日付で非常事態省決定第86号（ベラルーシ共和国法令国家登記簿、2008年、第265号、8/19702）において承認された「放射能汚染地域における農業の防護措置実施のための設備および財政支出需要計画手順書」は、酸性土壌の石灰処理、リン・カリ肥料の供給、飼料用採草地の整備、セシウム吸着剤を含む配合飼料の供給について定めている。主な防護措置の規模は、表13に示した。

表13 農業分野における防護措置の規模

年	酸性土壌の中和 （単位：1000ha）	採草地、放牧地整備 （単位：1000ha）	リン・カリウム系肥料の施肥量 （単位：1000t・有効成分）		セシウム吸着材 配合飼料 （単位：1000t）
			リン酸（P_2O_5）	カリ（K_2O）	
2001	35.6	10.4	24.5	84.1	1.7
2002	52.1	7.9	17.9	58.6	1.1
2003	48.9	8.1	13.6	64.3	1.2
2004	48.7	13.8	27.3	92.5	1.3
2005	44.0	15.6	30.3	109.4	1.4
2006	40.6	13.4	26.7	87.8	1.5
2007	29.1	5.1	24.3	83.9	0.7
2008	31.1	5.6	24.1	86.2	0.4
2009	29.5	5.1	24.6	83.9	0.6
2010	31.5	3.7	24.3	82.3	0.7
合計	391.1	88.7	237.6	833.0	10.6

今後の優先順位

農業化学上の防護措置は、農場の技術・機械インフラの改善と相まって、放射能汚染地域の住民の放射線防護と農村居住区の復興における戦略的な柱となっている。さらに、農産物生産は汚染地域における住民の雇用確保にとっても重要な資源である。

放射能汚染地域の農業が経済的観点から持続的に発展していくためには、今後

も農畜産分野における防護措置を実施し、高い技能を持つ専門家を集め、最新の農業機械や先端技術を導入することが必要である。

　汚染地域で法定汚染のない農産物を生産するには、計画的な土地転換、最適な作付け、最終製品の適切な利用が前提となるが、これらは土壌性質や放射能検査結果を踏まえ、収穫物の汚染予測にしたがって実施する必要がある。

　関心を向けるべきこととしては、不良土壌や低生産性土壌の地域における高い汚染濃度（セシウム137が185〜1480キロベクレル／m²、ストロンチウム90が11〜111キロベクレル／m²）の土地に対する防護措置の実施がある。

　汚染濃度の低い土地では、土壌成分が極めて不良で作物への放射性核種の移行度が高い土壌に対して投資を集中させるのが妥当である。

　今後も引きつづき優先されるのは、土壌の肥沃度向上と採算のとれる農業生産のため、経済的根拠に基づき、かつ社会的にも受け入れ可能な防護措置を実施することである。

3.6　林業分野の施策

林業の総合的な防護措置

　森林は生態系、社会および経済の観点から極めて重要な役割を果たしているため、汚染地域の林業活動や森林利用を中止することは現実的ではない。放射能汚染によって、従来培われた森林管理方法が通用しなくなったことから、放射能汚染地域の活動に新しいアプローチを導入する必要性が生じた。

　放射能汚染地域の持続的な森林管理のため、管理・技術、テクノロジー、規制、情報の各分野で対策が導入され、今日まで実施されている。

　主な防護措置として、森林再生・育成、森林火災防止、放射能検査・モニタリング、そして情報提供がある。情報分野の措置には、科学研究、林業専門家の育成と技能向上、森林資源の放射能汚染状況に関する林業従事者や住民に対する恒常的な情報提供がある。

　このような防護措置を効果的に実行するため、放射能汚染地域の森林管理、放射能検査、放射能モニタリングに対する要求事項が定められ、規制・技術規制法令に反映された（表14）。

表14 放射能汚染地域における林業およびその他の活動に関する規制

森林資源地域は、4つのゾーンに区域分けされる。ゾーンⅠは、土壌のセシウム137汚染濃度が37〜185kBq/m²。ゾーンⅡは、185〜555kBq/m²。ゾーンⅢは、555〜1480kBq/m²。ゾーンⅣは、1480kBq/m²超。ゾーンⅠはさらにゾーンⅠA(37〜74kBq/m²)とⅠB(74〜185kBq/m²)に分類される。(＋は許可されている活動。−は禁止されている活動)

林業分野の活動		ゾーン				
		Ⅰ A	Ⅰ B	Ⅱ	Ⅲ	Ⅳ
森林育成活動	種子収穫	＋	＋	＋	−	−
	苗床での育苗	＋	＋	＋	−	−
	天然更新の促進	＋	＋	＋	＋*	−
	林産物の生産、手入れ、品質・数量調査	＋	＋	＋	＋	＋*
森林保全・保護	防火活動	＋	＋	＋	＋	＋
	森林違法行為取り締まり活動	＋	＋	＋	＋	＋
	害虫・病気対策活動	＋	＋	＋	＋	＋
森林伐採	主伐	＋	＋	＋	＋*	−
	間伐	＋	＋	＋	＋*	−

＊特別規制(プロジェクト)に限って許可

　総合的な防護措置を実施し、汚染森林の活動規制を遵守することで、林業従事者の放射線防護は十分なレベル——年間平均外部被ばく線量1ミリシーベルト未満——を達成した。

　チェルノブイリ原発事故後、法定汚染のない農産物を生産できなくなった旧農業用地は、国の森林資源に移管された。そのすべての土地で土壌中のセシウム137濃度が検査され、森林区画が作られ、造植林計画が作成された。林産物は毎年生産されており、それによって森林の再生、森林の種類や質の改善、生物や地形の多様性を確保することが目指されている。

森林の防火対策

　放射能汚染地域における森林火災は、樹木や森林環境の破壊や損失、消火・被害処理費用などの直接的損害だけでなく、周辺地域の二次放射能汚染を引き起こす。火災が発生すると、森林の可燃物質が熱気により巻き上げられるため、地表

付近の大気中の放射性物質の濃度が増加する。その結果、放射線量が上がり、消火環境が著しく悪化する。

防護措置の最優先事項は、森林火災の防止、早期発見および迅速な消火であり、そのために一連の防火対策が実施され、その効果は火災発生数や火災面積の減少、消火時間の短縮で評価されている。

近年は放射能汚染が最も著しい営林所の森林資源地域における火災発生件数が最少となっている。例えば、2010年は例年よりも火災の危険性が高い年であったが、ヴェトカ特別営林所（退去区域の45％を管轄）における森林火災発生面積は5ヘクタールに抑えられた。

森林の放射能汚染管理

森林の放射能汚染管理のため、放射線管理システムが構築・運用されている。放射線管理システムは、放射能検査と放射線モニタリングの2つのサブ・システムに分かれ、その末端組織は認定された研究室や監視ポストである。これらの組織は、最新の放射線測定機器やGIS（地理情報システム）技術を含む迅速なデータ処理技術を活用し、規制法令や技術・実務規則を踏まえた活動を行っている。

毎年行われる森林資源の土地、利用区画（伐採地）、施設および作業場の放射線測定、林産物の放射能検査によって、現行の基準や規則が遵守されている。

林産物に対する放射能検査は木材・加工品、食物資源、薬用植物を対象とする。検査結果は、伐採の可否のほか、薪や燃料用チップ、輸出用の木材や製材、キノコ類やベリー類、白樺樹液の供給に関する決定を行うために必要なものである。すべての流通商品には、放射線安全（放射性核種濃度が基準を満たすこと）を確認する証明書が添付される。

林産物の汚染状況

通常、セシウム137による土壌汚染濃度が555キロベクレル／m^2（15キュリー／km^2）未満の地域で伐採された木材は、国の基準値「RPL/Forestry-2001（木材製品およびその他の非食用林産物のセシウム137濃度国家基準）」を超えることはない。土壌汚染濃度がこれよりも高い地域では、さまざまな技術用途カテゴリの木材において、工業用木材の15％から薪用木材の60％までRPL基準値の超過が見られる。

最も高汚染の林産物は、野生のキノコ類やベリー類、医薬品原料である。キノコ類やベリー類はセシウム137濃度が高いため、今後数年間は採取や備蓄が規制される見込みである（図19）。

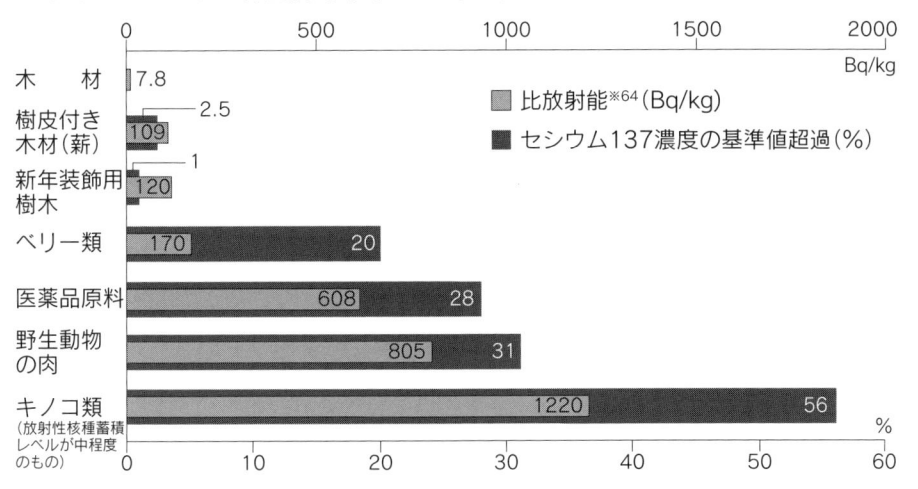

図19 セシウム137による林産物汚染（2010年のデータに基づく）

林産物	比放射能※64（Bq/kg）	セシウム137濃度の基準値超過（%）
木材	7.8	2.5
樹皮付き木材（薪）	109	1
新年装飾用樹木	120	—
ベリー類	170	20
医薬品原料	608	28
野生動物の肉	805	31
キノコ類（放射性核種蓄積レベルが中程度のもの）	1220	56

　放射性核種濃度が基準値を超える林産物の割合は、過去5年間にわたり実質的に変化していない（図20）。これは、林産物の放射能汚染の低下が主としてセシウム137の放射性崩壊に依存していることによる。森林環境では、セシウム137の経根吸収を低減する、技術的に有効な防護措置の適用には限界がある。

図20 2006年および2010年にセシウム137濃度が基準値を超えた林産物試料の割合

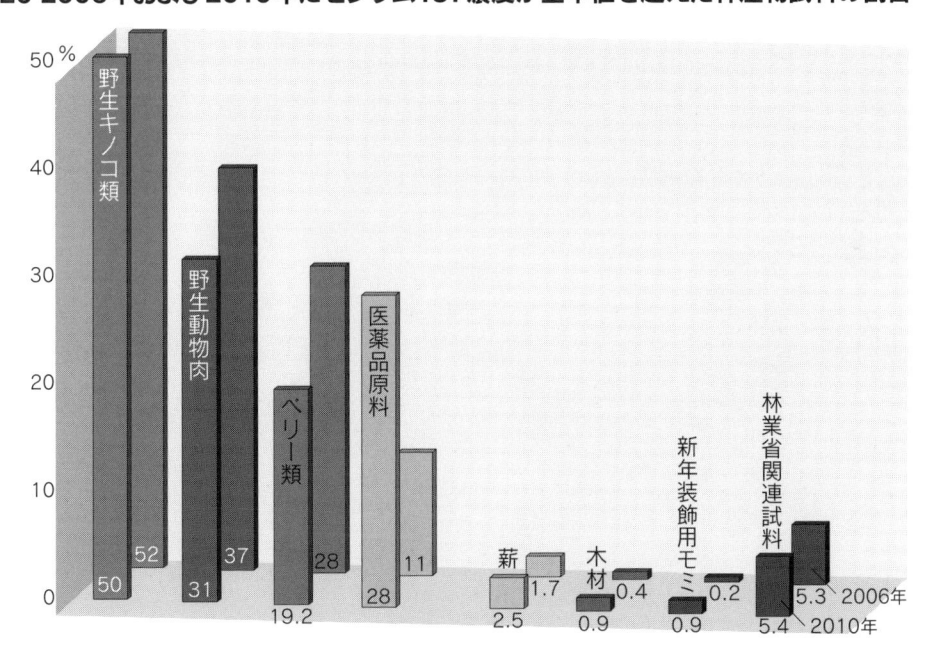

林産物	2006年	2010年
野生キノコ類	50	52
野生動物肉	31	37
ベリー類	19.2	28
医薬品原料	28	11
薪	2.5	1.7
木材	0.9	0.4
新年装飾用モミ	0.9	0.2
林業省関連試料	5.4	5.3

野生キノコの放射性核種濃度は、通常、セシウム137による土壌汚染濃度が74キロベクレル／m²（2キュリー／km²）を上回れば基準値を超える。一方、落ち葉層や土壌表層の無機質層に著しい量の放射性核種が蓄積される場合のような特定の生育条件下においては、汚染濃度が37キロベクレル／m²（1キュリー／km²）未満でも基準値を超過することが確認された。これは放射性核種の蓄積度が中程度のキノコ類にもあてはまる（図21）。

**図21　2010年のさまざまな土壌汚染濃度の森林におけるキノコ類
　　　（放射性核種の蓄積度が中程度のもの）のセシウム137による汚染**

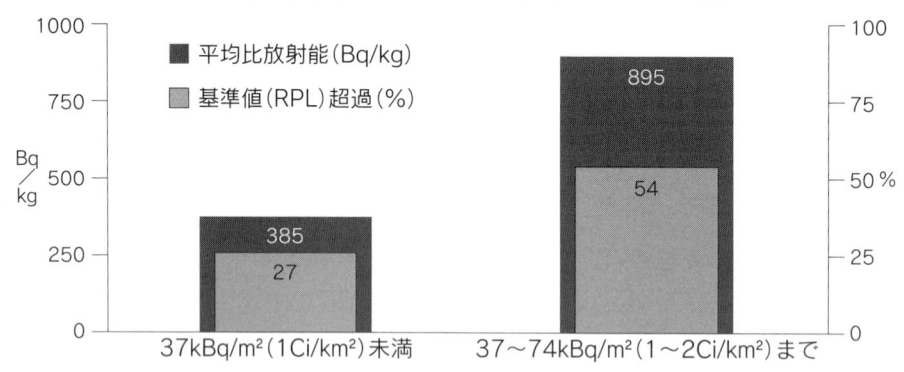

- 平均比放射能（Bq/kg）
- 基準値（RPL）超過（%）

土壌汚染濃度	平均比放射能（Bq/kg）	基準値（RPL）超過（%）
37kBq/m²（1Ci/km²）未満	385	27
37〜74kBq/m²（1〜2Ci/km²）まで	895	54

　狩猟対象の動物の種類やそのエサ源に応じて汚染レベルには数倍の差が見られるが、いずれも極めて高い値となっている（図22）。

**図22　土壌汚染濃度が37〜222kBq/m²（1〜6Ci/km²）の森林区画で捕獲された
　　　野生動物の肉のセシウム137汚染**

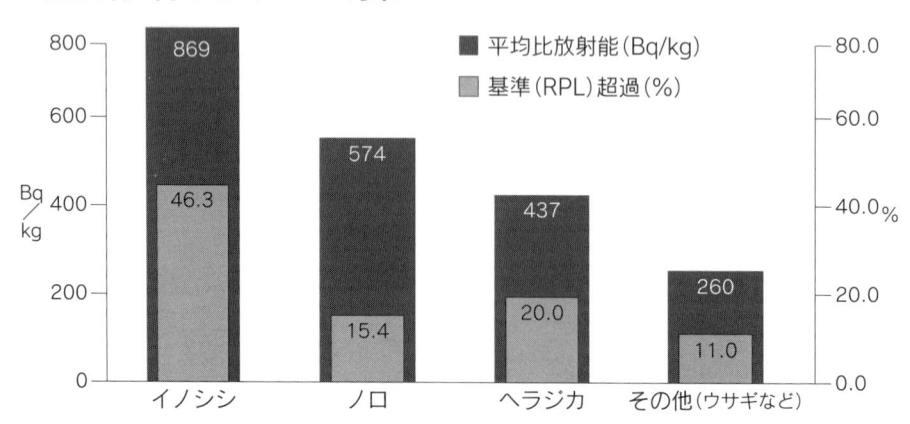

- 平均比放射能（Bq/kg）
- 基準（RPL）超過（%）

動物	平均比放射能（Bq/kg）	基準（RPL）超過（%）
イノシシ	869	46.3
ノロ	574	15.4
ヘラジカ	437	20.0
その他（ウサギなど）	260	11.0

現在の放射線管理によって、放射線安全基準が遵守され、作業員の年間被ばく限度が1ミリシーベルト未満に抑えられるのとともに、放射性核種濃度が国の基準値（RPL/Forestry-2001、RPL-99）を超えない林産物の供給が確保されている。

森林管理専門家や住民への情報提供

森林の放射能検査・モニタリングの結果については、森林管理の専門家や作業員、住民に対して常時、情報提供が行われている。

林業当局は、放射能汚染林における森林利用規則やキノコやベリーの採取・備蓄の可否に関する情報提供、監視ネットワークの拡充や収穫時期における営林署付の放射能検査所の設置を恒常的に実施している。

森林地帯には警告標識、営林局や営林署内、林道入口や休憩所などには掲示板やポスターが設置されている。また、すでに15年間にわたって定期的に森林作業員や住民に向けて『森へ入るあなたへ』という指導パンフレットが作成・発行されている。特定の森の利用に関する住民向けパンフレットには、放射能汚染林の利用規則や地図のみならず、キノコやベリーを採取してもよい場所、採取したキノコの放射能低減方法やキノコの栽培方法など多くの有益なアドバイスが掲載されている。

情報提供の形態は、森林管理専門家や住民のニーズを踏まえて改善を続けている。林業省付属国家放射線管理・放射線安全局「Bellesrad」のウェブサイトでは森林の放射線測定や林産物の検査結果が常時更新され、かなり詳細な情報が提供されている〔参考資料17〕。また、このウェブサイトでは、森林の放射能の状況や汚染の特徴、原発事故後の状況推移に関する分析資料も提供されている。

アクセスしやすい多様な情報があることによって、森林管理職員や住民はチェルノブイリ原発事故の森林資源地域への影響やその対策についての知識を向上させ、放射能汚染された森林を訪問する際や林産物を利用する際に適切な行動基準・規範を実践することができる。

3.7　放射能検査システム

放射能汚染検査

「チェルノブイリ原発事故およびその他の放射線事故による被災者の社会保障に関する法律」にしたがい、放射性核種濃度が閣僚会議の承認した技術規制に定

められる国の基準値や国際基準を上回る生産物は、その種類を問わず生産および販売が禁止されている。放射性核種濃度が国内・国際基準を超える生産物は、没収・廃棄または埋設処分の対象となる。

　放射能汚染地域における住民の罹患リスクおよび被ばく線量の低減のために、「チェルノブイリ原発事故による放射能汚染地域の法的地位に関する法律」に定める基準に基づき、土壌、水、大気、食物、原料、住居および生産施設に対して定期放射能検査が実施されている。

　現在までに、ベラルーシ共和国では放射能汚染地域で生産された食物、食料、農業原料のほか、食用林産物などに対して効果的な放射能検査システムが整備されている。

検査体制

　チェルノブイリ原発事故を原因とする放射能汚染の検査は、地域別・産業別の原則のもとに実施され、国の行政機関や組織、原発事故被災者の支援を組織定款上の事業とするNGOを含むその他の法人・個人の放射線管理部門が担い手となっている。

　国レベルのシステムは、各関係省庁のシステムから構成される。

　保健省所属機関は、国の衛生監督の枠内で、個人農家や公共セクターで生産される食物の放射能汚染検査を行っている。

　農業食糧省は、次の検査を行っている。

- 農業組織で生産される農業原料・農産物、加工および販売のため農場や個人から調達する農業原料・農産物の放射能汚染検査
- 農業用地、農場や園芸組合が所有する土地の放射能汚染検査
- 加工企業の利用する井戸水や家畜飲用水の放射能汚染検査

　市場における放射能汚染検査は、獣医学衛生検査所が行っている。

　林業省は、森林資源、汚染地域で調達された林産物、加工品の放射能汚染検査を行っている。

　天然資源環境保護省は、放射能汚染地域居住区の土地や施設の放射能汚染検査を行っている。

　住宅整備省は、飲料水、住宅公共サービス施設、下水、汚水処理施設の下水沈殿物、放射能汚染地域にある住宅関連廃棄物の放射能検査を行っている。

　消費者団体組合は、消費者組合の各組織が調達および加工した生産品の放射能

汚染検査を行っている。
　国家標準化委員会は、検査対象物の放射能汚染測定の計量標準の監督を行っている。
　輸出品の放射能汚染検査は、対象品の放射能汚染検査の実施について許認可を得た組織の、認定された放射線管理グループによって実施されている。

放射能検査ユニット
　国内には約850の放射能検査ユニットがあり、2000台以上の放射線測定器やスペクトロメータが使用されている。毎年、1100万件以上のセシウム137試料、約1万8000件のストロンチウム90試料が分析されている。
　ここでいう放射能検査ユニットとは、放射能汚染検査活動の許認可を得た機関または測定精度評価・検査に合格した機関に属し、「ベラルーシ共和国認証システム」で認証された部局、分析所、監視ポストのことである。
　ベラルーシ国内には高精度の絶対測定[※65]を実施できる多くの放射能検査ユニット（分析所、科学研究センターなど）がある。これらのユニットは、機器分析に関する最新の方法・手段、さまざまな放射化学分析法[※66]を駆使して、レファレンス試験を含むあらゆるカテゴリの複雑な試験を行うことができる。また国家標準化委員会や国立科学アカデミー所属機関が所管する分析所は、放射性核種の放射能国家標準や線量標準に加え、アルファ線・ベータ線・ガンマ線スペクトロメータの標準器を備えている。

　国や州の獣医学・農業化学部門、州の衛生疫学局の試験分析所は、スペクトロメータや放射線測定器を使用する機器簡易測定法[※67]によってセシウム137やストロンチウム90の電離放射線を測定している。またストロンチウム90の放射化学分析を含むラボ分析による測定も行っている。
　多くの加工場には、セシウム137濃度の機器測定とともに、ベータ線スペクトロメータを使用した機器簡易測定法によって原料や製品のストロンチウム90濃度を測定できる分析室がある。また多くの放射能検査ユニット（市場や加工場などの獣医学衛生検査所）は、放射線測定器を使用した機器簡易測定法によってセシウム137の測定を行っている。
　放射能検査ポストでは、線量計、ガンマ線測定器、検査対象物の試料採取や一次処理によってガンマ線照射線量率の測定を行っている。
　放射能検査の実施要領には根拠となる法令上の基盤がある。

最大のネットワークは、農業食糧省傘下の放射能検査ユニットのネットワークであり、517の分析所と放射能検査ポストを有している。

放射能汚染地域の農産物・肉牛の放射能検査

関係規則にしたがい、放射能汚染地域ではすべての農産物が検査対象となり、そのなかには家畜の飼料やエサも含まれる。

農産物加工場では、放射能汚染地域で生産された原材料や製品に対して入荷時、原料加工時、製品出荷前の3段階で検査が実施されている。

食肉工場では、汚染地の農業組織から出荷された肉牛に対して、屠殺前の放射能測定を行っている。筋肉組織中に基準値を超えるセシウム137を含む牛は汚染除去のため生産者に返却され、放射性核種濃度の高い牛専用に調製されたエサで肥育される。

この統制のとれた検査システムにより、農業食糧省の傘下企業から放射性核種濃度が基準値を超える食料や原料が市場に流通した事例はない。

国家計画によるハード・ソフトの整備

チェルノブイリ関連国家計画の枠組みによって、放射能検査システムには主に自国製の最新型機器・設備が配備されている。これらの機器が放射能汚染地域にある政府系機関の放射能検査ユニットや全国の市場の獣医学衛生検査所に供給されることによって、国内の放射能検査システムの測定機器類は徐々に更新されている。

2007〜08年、チェルノブイリ原発事故被害克服に向けた共同活動に関する「国家計画2006〜10年」の枠組みにおいて、国内の加工場で生産される輸出向け製品の検査強化のために、肉牛の骨中のストロンチウム90濃度のモニタリングシステムが構築された。また「国家衛生監督局による検査対象の輸出向け食料・農業原料のセシウム137およびストロンチウム90濃度検査実施に関する獣医学衛生規則」が作成された。24ヵ所の輸出向け食肉工場や獣医学分析所には必要な測定設備が配備され、専門家のトレーニングが行われた。ゴメリ州の乳製品製造企業の多くの分析所では、ロシア輸出向けの牛乳および乳製品に対するストロンチウム90濃度のモニタリングを実施するのに必要な設備が整えられた。

放射能検査ネットワークの各ユニットや放射線専門家養成センターに対する線量計、放射線測定器、スペクトロメータの調達は、各種国家計画に加え、ロシアとの連合国家計画の枠組みでも実施されている。

人材の研修機関

放射能汚染検査を行う専門家には、所定の手続きにしたがい特別トレーニングを受け、5年に1度以上はセクター別講習を受けて技能向上に取り組むことが求められる。

このため国内には次のような研修機関が設置されている。

- 1990年に設置された国立農業技術大学の農業人材技能向上・再訓練センター：
  毎年500名以上の専門家が研修
- F.スコリナ記念ゴメリ国立大学の人材技能向上・再訓練センター：
  毎年約200人が研修
- A.D.サハロフ記念国際国立環境大学の放射線安全地域研修情報センター：
  毎年約100人が研修

ゴメリ国立大学と国際国立環境大学における専門家育成はチェルノブイリ関連の国家計画予算によって実施されている。またロシアとの連合国家計画（2009〜10年）の枠組みで放射能検査専門家養成所に対し、教育活動に必要な設備に加えて、放射線測定器や線量計が配布された。共通のカリキュラムや放射能検査専門家の技能向上講習計画が策定され、調整を経たうえで認可された。放射能検査に関する教科書も作成・出版されている。

3.8　立入禁止区域の管理──ポレシエ国立放射線・生態保護区

立入禁止区域と退去区域の専門管理機関

立入禁止区域（避難区域）は面積にして1700km^{2}に及び、1986年には同区域の住民2万4700人の避難が行われた。また同年5月以降、避難区域の土地は経済活動から除外された。退去区域は4500km^{2}の土地、ゴメリ州とモギリョフ州の15地区に分散している。これらの区域を管理するうえでの主なアプローチは「立入禁止区域および退去区域の管理指針1994年」にまとめられている。

立入禁止区域や退去区域の管理、保安の実施・監視、法に定められる維持体制の確保のため、政府決定第343号1992年6月8日付によって専門機関として立入禁止・退去区域管理局が設立され、ゴメリ州およびモギリョフ州の13の汚染地区で

活動している。

立入禁止区域の管理

　「チェルノブイリ原発事故による放射能汚染地域の法的地位に関する法律」〔参考資料2〕にしたがい、立入禁止区域においては、放射線安全の確保、放射性物質の拡散防止、自然保護、科学研究に関連する活動のみが許可されている。

　立入禁止区域は、人、陸上輸送手段、その他の設備の許可を得ない立ち入りや持ち込みが禁止されている。

　また次のことが禁止されている。

- 住民の居住、無許可の滞在
- すべての形態の車両およびその他の設備の無許可の侵入や搬入。木材の浮送
- 特別許可なく建築資材および構造物、車および設備、家財道具、木材、土壌、泥炭、粘土、砂、その他の地下資源、植物飼料、医薬品用植物原料、キノコ類、ベリー類ならびにその他の林産物を搬出すること（ただし研究目的の試料を除く）

　立入禁止区域への滞在は特別許可がある場合のみ認められる。

　放射能汚染地域の利用に関する活動は、非常事態省チェルノブイリ原発事故被害対策局による規制対象となる。同局の権限は次のとおり。

- 土地の放射能汚染区域への分類、放射線危険地域の境界の設定に関する決定の準備
- 立入禁止の土地を経済活動に復帰させる提案の提出
- 放射能汚染地域の法的地位の遵守（移住手順、立入許可、車両搬入、財産搬出など）
- 土地の放射能汚染レベル、公衆および周辺環境への影響の低減のための新たなアプローチの策定・実施。他地域への放射性核種の拡散防止
- 放射線危険地域における専門管理機関の設置・監督
- 立入禁止区域専門管理機関の設置・指導
- 住民の集団線量低減に向けた技術基準・法令・規則作成の調整
- 原発事故被害克服計画の策定。設備や予算の配分。多様な観点からのチェルノブイリ研究を含む科学技術計画の作成、調整、予算執行
- チェルノブイリ原発事故被害最小化に関する活動の調整
- 放射性廃棄物、放射性核種により汚染された食品、物資などの埋設処分体制の確立および安全の確保

- 国民に対する放射線量に関する情報提供。放射能汚染区域に含まれる居住区・施設の地図やリストの発行。住民に対する講習・啓発活動の調整

退去区域の管理

　立入禁止区域は、放射性核種による汚染が最も甚大で、チェルノブイリ原発周辺地域（ゴメリ州ブラギン地区、ホイニキ地区およびナロヴリャ地区の一部）に集中しているのに対し、退去区域（第一次・第二次移住対象区域）は4500km^{2}の土地、2州15地区に分散しているため、その維持管理に一定の困難が伴う。

　退去区域では、立入禁止区域と異なり、厳しい制限のもと、道路、送電線、その他のインフラ施設の維持に関連する経済活動が行われている。

　第一次移住対象区域では、衛生規則や放射線安全基準を遵守し、生産される製品・商品の放射性核種濃度が国の基準を超えない技術や方法を取り入れながら、経済活動が営まれている。

　第一次移住対象区域では、特別許可なく次の活動を行うことが禁止されている。

- 木材、土壌、泥炭、粘土、砂およびその他の地下資源を搬出すること
（ただし研究目的の試料を除く）
- 木材、飼料、キノコ類、野生果実、ベリー類、薬用植物および工業原料の調達などすべての形態の森林利用。狩猟。漁獲。消火活動以外のすべての形態の水利用
- 家畜の追い込みおよび放牧
- 乗り物の種類を問わず一般道および水路以外を通行すること。木材の浮送
- 当該区域における活動と直接関係のない者が徒歩または乗り物で立ち入ること
- 放射性核種の運搬の可能性がある、表土掘り起こしに関連するあらゆる種類の作業

　第一次移住対象区域では、特別許可がある場合にのみ滞在が許可される。

　第二次移住対象区域では、経済活動や交通手段・構築物・技術インフラ・ネットワークの稼動は、その種類を問わず放射線安全基準や他地域への放射性核種の拡散を防止する指示・規則を遵守しながら行わなければならない。

　第二次移住対象区域では次のことが禁止されている。

- キノコ類、野生果実、ベリー類、薬用植物および工業原料の無許可の調達、狩猟、漁獲

- 国の基準値を超える放射性核種濃度の製品の生産・調達
- 放射能レベルや環境を悪化させる活動全般

　第二次移住対象区域で生産された食品原料や食品は、放射能検査によって放射性核種濃度に関する基準を下回る場合にのみ販売を許可される。

　住民が退去させられた第二次移住対象区域への立ち入りは、特別許可証がある場合のみ認められる。

退去区域の利用

　退去区域にある旧農業用地は、表層土の種類や肥沃度が一定ではなく、等級でいえば16～60に分かれる。セシウム137による汚染は5400キロベクレル／m^2、ストロンチウム90による汚染は222キロベクレル／m^2である。プルトニウムの同位体の濃度は比較的低く、立入禁止区域に隣接する地域に集中している。

　放射性核種の土壌汚染濃度によって、土地は3つのグループに分けられる。第1グループは、セシウム137による汚染濃度が555キロベクレル／m^2未満、ストロンチウム90による汚染濃度は74キロベクレル／m^2未満の6万7000ヘクタールの農業用地である。これらの土地の一部は主にローム土壌であり、土地の再生段階において農業利用に復帰する場合もある。

　第2グループは、セシウム137による汚染濃度が555～1480キロベクレル／m^2、ストロンチウム90による汚染濃度が74～111キロベクレル／m^2の5万ヘクタールの土地である。やはり将来的には農業生産に利用される可能性はあるが、土地改良や農業化学上の対策に多大な費用が必要となる。このグループの土地は再生の初期段階において、穀物、セイヨウアブラナおよび肉・加工乳生産向け飼料作物の作付け用に部分的に修復できる可能性がある。しかし、これらの土地を農地に組み入れることができるのは、再生の後期になってからである。住民が退去した土地の再生には国の補助が必要である。なぜなら、再生後の土地における農産物の原価が著しく高くなるからである。

　森林等級が30未満の砂質やローム質の土壌、水や風による浸食に対して森林改良による保護対策が求められる土地、そしてセシウム137による放射能汚染が1480キロベクレル／m^2、ストロンチウム90による汚染が111キロベクレル／m^2を上回る第3グループの土地を農業生産に利用することは有効な方策とはいえない。

　退去区域にある農業に適さない生産性の低い土地は植林の対象となる。

森林の火災対策

　立入禁止区域や退去区域の維持管理にあたっての主要な問題のひとつが、森林火災の防止であり、そのために次の対策がとられている。

- 区画境界に沿って無機質土壌の防火帯を整備すること
- 住民が退去した村の周囲を掘り起こすこと
- 防火用貯水池を整備すること
- 火災の危険性が高い地域へ向かう道路の状態を維持すること
- 泥炭地の一部を浸水させておくこと
- 航空・陸上パトロールを強化すること

検問、パトロールなどの体制

　農業利用から外されて放射線上危険と分類された土地の境界線を示すため、案内標識や警告標識の設置が行われている。また、これらの標識の更新作業も毎年行われている。

　立入禁止区域および退去区域への不法侵入、物資の不法持ち出しを防止し、衛生や防火上相応しい状態を確保するため、保安対策がとられており、パトロールや検問所設置が行われている。

　住民が退去させられた立入禁止区域（避難区域）、第一次移住対象区域および第二次移住対象区域では、自然、土地および歴史文化遺産が大切に保護されている。また墓地の整備、大祖国戦争戦死兵の記念碑や埋葬場所の修繕も行われている。

　立入禁止区域や第一次移住対象区域における活動は、その種類を問わず集団線量の低減のため参加人数を制限して行われている。

　これらの対策経費は、チェルノブイリ原発事故被害克服の予算から支出されている。

　ポレシエ国立放射線・生態保護区への無許可の立ち入りや物資搬入出を防止するため、ブラギン地区、ホイニキ地区およびナロヴリャ地区の内務局によって、検問活動が行われ、6つの検問所が24時間の当直体制を敷き、車両による当該保護区のパトロールも実施されている。

　住民が退去させられた第一次移住対象区域および第二次移住対象区域の衛生状態の改善および放射能の危険低減に関する各種施策を実施するため、専門企業の「ラドン」（モギリョフ州）および「ポレシエ」（ゴメリ州）が設立された。

経済活動に復帰できない地域

　退去区域では、約1万3500もの家や建物が埋設された。チェルノブイリ原発事故により最も著しく汚染された地域は、同原発のすぐ側に位置するブラギン地区、ホイニキ地区、ナロヴリャ地区である。ここには国全体に降下した放射性セシウムの約3分の1、ストロンチウムの70％以上、プルトニウムの97％以上が存在している。これらの地域の汚染濃度は、セシウム137が3万7000キロベクレル／m^2（1000キュリー／km^2）、ストロンチウム90が1500キロベクレル／m^2（40キュリー／km^2）、プルトニウム238・239・240が90キロベクレル／m^2（2.5キュリー／km^2）に達した。放射性ヨウ素131による土壌汚染は3万7000キロベクレル／m^2（1000キュリー／km^2）またはそれ以上で、ガンマ線照射線量率は毎時5〜100ミリレントゲン（≒毎時50〜1000マイクロシーベルト）にのぼる。

　原発事故によるセシウム137の最大汚染（5万9200キロベクレル／m^2）はブラギン地区の旧クリュキ居住区で記録された。ストロンチウム90の最大汚染（1800キロベクレル／m^2）はホイニキ地区で記録されたが、同地区ではアルファ線放出核種のプルトニウム238・239・240の最大汚染（最大111キロベクレル／m^2）も見つかった。

警告標識

　長寿命の超ウラン核種によって汚染されたことから、近い将来にこれらの地域が経済活動に復帰するのは不可能である（各核種の半減期は、プルトニウム238が87.74年、プルトニウム239が2万4110年、プルトニウム240が6537年、プルトニウム241が14.4年、アメリシウム241が432.2年である）。

ポレシエ国立放射線・生態保護区の設立

このような状況と関連して、チェルノブイリ事故による汚染が最も著しい立入禁止区域には、ベラルーシ・ソビエト社会主義共和国共産党中央委員会・閣議決定第59-5号1988年2月24日付に基づき、「ポレシエ国立生態保護区」が設立された。

当時、保護区の面積は1313km²であった。1989年2月10日付のベラルーシ共和国閣議決定第122号によって、保護区は「ポレシエ国立放射線・生態保護区」に改称された。それ以来、チェルノブイリ原発事故被害対策を担当する国家機関（現在は非常事態省チェルノブイリ原発事故被害対策局）の管轄下にある。

1993年、ブラギン地区、ホイニキ地区、ナロヴリャ地区、カリンコヴィチ地区およびモズィリ地区の汚染地域849 km²が保護区に編入され、総面積は2162km²となった。

その後、保護区は、ブラギン地区、ホイニキ地区およびナロヴリャ地区に対応する3つの区域に分割された。保護区には16の営林署がある。行政の中心はホイニキ市に置かれ、研究や実験の拠点は旧バプチン居住区にある。チェルノブイリ原発から12kmの距離にあるウクライナとの国境には、1996年に設立された調査所「マサヌィ」がある。

保護区の取り組み

　ポレシエ国立放射線・生態保護区の職員は総勢750名である。
　同保護区はベラルーシで最大の自然保護組織であり、次の課題に取り組んでいる。

- 隣接地域への放射性核種飛散防止に関する施策の実施
- 土壌、大気、水、動物相、植物相の放射線・生態モニタリング
- 放射能汚染の動植物への影響評価に関する計画的な科学研究、天然資源の目録管理
- 森林資源の火災対策、森林の害虫・病気対策の実施
- 最適な水理[※68]環境の維持に関する施策の実施
- 人・車両の不法侵入、物資搬出の防止のための検問体制の整備および保安対策の実施
- 密猟対策。違法な副次的森林利用（木材以外の利用）・木材伐採の防止
- 生物多様性の自然発展の促進。希少植物・動物の個体数増加施策の実施
- ベラルーシ共和国レッドデータブック（絶滅危惧種リスト）に記載されている狩猟対象動物の保護・個体数管理
- 野生動物の狂犬病・伝染病の予防対策の実施

生物多様性の保全

　保護区の面積の50.7％を森林が占めている。森林面積の44.3％はマツであり、シラカバが33.3％、ハンノキが13.5％、カシが7.0％を占めている。

　保護区の主要河川はプリピャチ川で、保護区を北西から南東へ横切り、保護区内での全長は80kmである。面積の大部分は二次湿地化し、現在、湿原は総面積の8.4％を占めている。

　ポレシエ国立放射線・生態保護区は、ポレシエ地域のみならず、ベラルーシや東欧全体の生物多様性の保全という点でも極めて重要な役割を果たしている。同保護区が無人であること、経済活動が完全に停止していること、狩猟の負荷がかからないことが生物多様性を促しているといってよい。生態系に対する人為的影響がないことが、生物群の生態環境の変化や遷移過程の活性化をもたらした。保護区では、旧農業用地、水路、道路への草木の繁茂、土地の二次湿地化、草地への灌木の侵入などのプロセスが進んでいる。1988年から2008年までの主な種類の農業用地の変遷は『ベラルーシおよびロシアの被災地域におけるチェルノブイリ原発事故被害の現在および将来の状況地図集』に示されている〔参考資料18〕。保護区には、一般動物の種類が多いだけではなく、希少種の動植物が安定的に増殖で

きる個体群が形成され、かつ保護されている。

保護区の動植物相

　保護区の植物相は1016種類を数える。維管束植物※69は、884種生育しており、これは現在のベラルーシの植物相の約50％を占める。そのなかには39種類の保護対象種も含まれているが、そのうちオルキス・ミリタリス、アスター・アメルス、カミカワスゲ、イバラモ、オニビシ、ノハラナデシコ、ヤコブボロギク、ケファランテラ・ロンギフォリア、カラフトアツモリソウ、ナガエモウセンゴケは国内でも非常に希少で、極めて限られた場所にしか生息していないことで知られている。サンショウモやコアヤメのような希少種は、かなりの数が生息している。

　また保護区内では46種類の陸上ほ乳類が確認されている。これらのほ乳類はこの保護区に国内の76.7％が生息している。そのうち6種類（クマ、アナグマ、オオヤマネコ、オオヤマネ、ヨーロッパヤマネ、バイソン）は、ベラルーシ共和国のレッドデータブックに登録されている。

　バイソンの再野生化も行われた。1996年、国立公園「ベロヴェーシの森」のヨーロッパバイソン（Bison bonasus）16頭が保護区に放され、2010年には個体数が75頭まで増加している。保安体制のおかげで、保護区にはアナグマの最大個体群が生息し、増えつづけている（100〜120匹）。オオヤマネコの個体数は25〜30匹で安定し、クマは常に4頭前後が生息している。2007年以降、ベラルーシのほ乳類相にとっては新しく、国際的に保護の意義がある種が毎年確認され、モウコノウマは2010年で10頭を数える。

　狩猟対象種の個体数は常に高く維持され、イノシシは2000頭、ヘラジカは1500頭、ビーバーは1500頭、クロライチョウは2000羽を超える。

　保護区では213種の鳥類が確認されている。これは国の鳥類相の69.4％にあたり、そのうち58種が国のレッドデータブックに登録されている。

　この保護区は、ベラルーシの他のどの場所よりもオジロワシの個体数が多い。ここでは、10〜15組のつがいが営巣しており、全体数は100羽に達する。カワトワシは2〜5組が営巣している。冬や早春には若齢および高齢のイヌワシが観察される。ダイサギ（Egretta alba）の個体数は多く、30〜50組が営巣している。サンカノゴイは50組以上、ナベコウ（Ciconia nigra）は20〜30組、アシナガワシ（Aquila pomarina）は20組以上、コクイナ（Porzana parva）は100組、クロヅル（Grus

grus) は30〜50組、コアジサシ (Sterna albifrons)、クロハラアジサシ (Childonias hybridus)、ヨーロッパハチクイ (Merops apiaster)、カワセミ (Alcedo atthis) も50組以上生息する。他の希少種も個体数は多い。

ベラルーシ国内で生息する19種の両生類および爬虫類のうち、17種がこの保護区で確認されている。ヌマガメの亜種7万匹の生息地となっており、スムーススネークやクシイモリが生息するいくつかの場所も確認されている。

このようにポレシエ国立放射線・生態保護区は、ベラルーシだけでなく、欧州の生物多様性の宝庫と呼んでもよいだろう。ベラルーシのレッドデータブックに登録される地上脊椎動物のうちこの保護区に生息している種の15.4％が国際自然保護連合のレッドリストに記載されており、これらのすべてがベルヌ条約で、58.9％は1979年のボン条約で保護されている。

食物連鎖のなかの放射能汚染の研究

放射性物質の降下による土壌汚染濃度の高さから、保護区内の土地は潜在的な二次放射能汚染源と見なされている。

このような状況から、この地域の汚染の特徴および放射性核種の垂直・水平移動のパラメータに関するデータの研究や体系化、「土壌─植物─動物」の食物連鎖に取り込まれる放射性核種の研究について研究者の高い関心が向けられている。

保護区に常時生息する野生動物による放射性核種の体内蓄積は、実践科学的な関心を呼んでいる。2006〜10年、保護区の地上脊椎動物の体組織内のセシウム137の平均比放射能は高いレベルに留まっている。両生類は1.2〜2.1キロベクレル／kg、爬虫類は3.8〜4.4キロベクレル／kg、留鳥は11キロベクレル／kg、渡り鳥が1.3〜2.5キロベクレル／kg、狩猟対象のほ乳類が3.8〜50.3キロベクレル／kgとなっている。両生類および爬虫類の最大汚染は13.3〜27.4キロベクレル／kgに達し、渡り鳥で営巣する鳥は最大11.9キロベクレル／kg、留鳥は最大174キロベクレル／kg、ほ乳類は種類によって21.9〜1417.5キロベクレル／kgとなっている。2001〜05年の期間と比較し、動物の組織内のセシウム137濃度の低下は観察されなかった。

放射性セシウムの最大濃度は生のキノコに確認され、最大1500キロベクレル／kgであった。

土壌汚染濃度が増すアメリシウム241

時間の経過とともに土壌中のアメリシウム241（プルトニウム241の崩壊による娘核種）の濃度が増大した。アルファ線放出核種のアメリシウム241は、プルトニウム241（ベータ線放出核種）よりも危険である。原発事故後の四半世紀の間に土壌中のアメリシウム241の放射能が2倍に増加し、立入禁止区域における同核種の土壌汚染濃度は96キロベクレル／m²（2.6キュリー／km²）に達している。アメリシウム241は、環境中の濃度が2060年頃まで増加しつづける唯一の核種である。

放射能汚染マップの作成

2007〜08年、保護区において総合的な放射能調査が行われ、環境試料中のセシウム137、ストロンチウム90、アメリシウム241、プルトニウム238・239・240の濃度が測定された。この調査で得られたデータをもとに、2009年1月1日時点のこれらの核種（さらにアメリシウム241濃度のデータに基づきプルトニウム241濃度を算出）による放射能汚染マップおよび2056年1月1日時点のアメリシウム241汚染予測マップが作成された〔参考資料18〕。

「警告！　300メートル先に放射能汚染地域への検問所あり。許可証なく汚染地域に滞在することは禁止されています」

野外試験場としての保護区

ポレシエ国立放射線・生態保護区は、自然生態系やかつての農業生態系の放射能汚染の影響を調査するためのユニークな野外試験場となっている。

同保護区の科学部門は、旧バプチン居住区にある。科学部門を構成するのは、放射線・生態モニタリング、植物相・動物相生態系、放射化学・スペクトロメトリ分析所の3つの部署である。

分析所は、国の認証システムの基準に合致し、ベラルーシ共和国規格「ISO/IEC17025」の要求を満たして認証を得ている。2005～07年には、IAEAの技術協力計画の枠組みにおいてガス比例計数管低バックグラウンド・アルファ線・ベータ線計測器、キャンベラ社製ガンマ線スペクトロメータ（高純度ゲルマニウム半導体検出器、ベリリウム・カーボンファイバー窓）、キャンベラ社製アルファ線スペクトロメータなどの最新設備が分析所に設置された。現在、この分析所では、チェルノブイリ原発事故起源のあらゆるスペクトルの放射性核種の同定が可能となっている。

1998年、大統領指示により保護区に養馬試験場が設立され、2006年にはロシア重ばん馬繁殖の種畜場という地位を与えられた。2010年、277頭の馬が育てられている。

間伐で伐採される樹木は、放射能汚染レベルの制限を考慮しながら加工され、伐採跡地では試験養蜂が行われている。

保護区への不法侵入防止のため、11ヵ所の検問所が設けられ、24時間体制で監視されている。保護区の外周および道路には案内板や遮断機が設けられている。

保護区に常勤する職員は、放射線安全基準に基づく「職員」カテゴリに分類されている。放射線の影響に常にさらされる条件下での作業は、以下の特別規則を遵守しなければならない。

- 汚染地域滞在時間の制限
- 個人用防護装備の使用
- 車両の除染
- 地域の汚染状況および車両の汚染に対する監視
- 個人外部・内部被ばく線量管理
- 職員の健康管理

森林火災防止のため、道路沿い、旧居住区や墓地の周囲に幅40mの防火帯155km、幅12mの防火帯200km、無機質土壌の防火帯950kmが整備され、97ヶ所に人工の消防用水源が設けられた。また火災の早期発見のため37ヶ所に監視塔が設置された。

3.9　被災地域の復興と発展へ向けた環境整備——建設、インフラ、ガス

事故関連対策費

　2010年に終了した第四次「国家計画2006〜10年」に支出された国家予算は3兆6000億ベラルーシ・ルーブルを超える（図23）。

　毎年、国家予算の2%がチェルノブイリ原発事故関連の対策に支出されている。

図23　チェルノブイリ原発事故被害克服に関する国家計画の財政支出

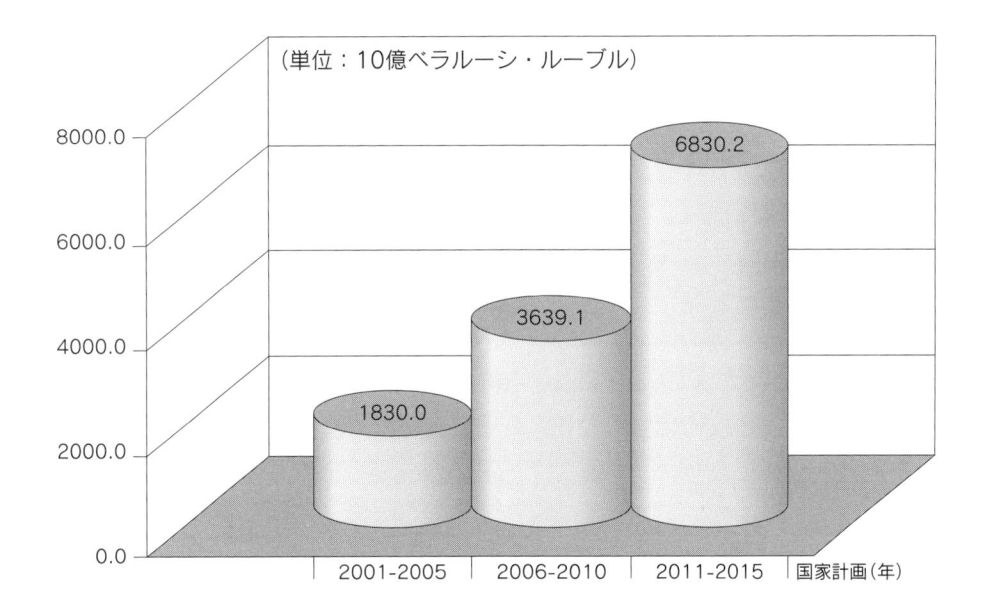

（単位：10億ベラルーシ・ルーブル）

国家計画(年)	金額
2001-2005	1830.0
2006-2010	3639.1
2011-2015	6830.2

建設分野の諸施策

　建設分野における主要な優先事項は、住宅建設、ガス供給、汚染地区に対する飲料水供給、教育・福祉・公共サービス関連の多数の施設の建設である。

　この5年間で新規建設あるいは改築され、運用を開始した施設の数は434にのぼる。代表的な施設として、ゴメリ州立腫瘍予防診療センター治療棟、ヴェトカ市中央地区病院、モギリョフ州立腫瘍予防診療センター放射線治療棟などがある。またブレスト州、ゴメリ州、モギリョフ州には井戸水用除鉄施設が建設された。

　集合住宅が1194戸（6万3500m²）建設され、優遇枠の市民が入居可能となった（図24）。

図24 入居可能となった住居

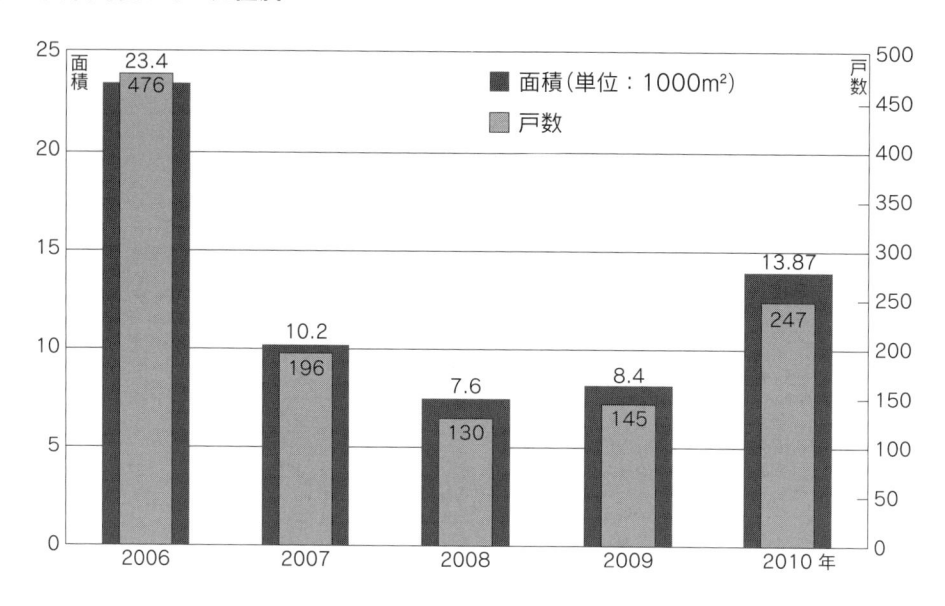

水道網107.1kmが供給を開始したほか、ガス供給網600kmが敷設され、9867戸の戸建て住宅にガスが開通した(図25)。そのうち、大統領指示によって州予算へ移譲された追加財源が実施したのは、4060棟の住宅へのガス供給および289.6km分の供給網である。結果的にガス開通数は、前計画の5年間と比べて3倍に増えた。

図25 住宅へのガス供給

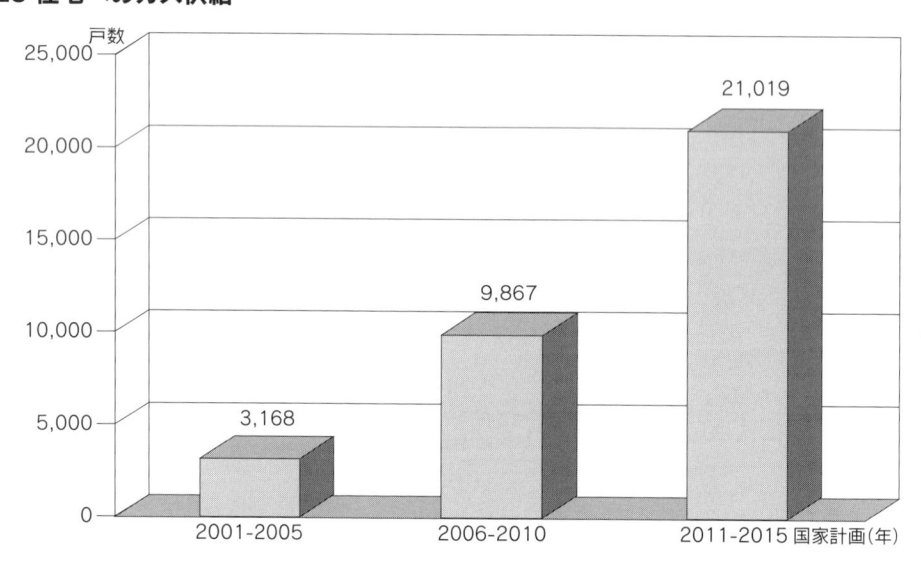

州立口腔科診療所（ゴメリ市）

モギリョフ州立腫瘍予防診療センター（放射線治療棟が2010年開設）

　2010年には148件の施設建設が行われたが、その主な内訳は住宅建設55件、公共サービス施設16件、ガス供給施設11件、保養施設8件、教育関連施設8件、医療・保健関連施設12件、農業関連施設6件、その他3件となっている。

　放射能汚染地域の住民の健康維持強化は引きつづき国の優先事項のひとつである。2001〜10年に改修または建設によって、外来総合診療施設は1当直当たり598人分の外来患者の受け入れ能力、病院は病床数613床を新たに確保した。

　大統領と政府は子どもの育成環境の改善に一貫して取り組んでいる。大統領計画「ベラルーシの子どもたち」（下位計画「チェルノブイリの子どもたち」）の枠組みで子どもリハビリ・健康増進センターの建設・改修・設備供給が実施された。また最近5年間だけで15施設が運営を開始したが、主な改善は以下のとおりである。

● ブラギン村の中学校に生徒数280名、レリチッツィ村の中学校に生徒数650名の初等クラスの棟を増設

ゴメリ州レリチッツィ村中学校(2010年開校)

州立診療病院の産院

- ナロヴリャ地区アントノフ村の学習・教育施設の増改築
- 子どもリハビリ・健康増進センターの建設（プラレスカ〈ジュロビン地区〉、シジェリニキ〈モズィリ地区〉、プティチ〈ゴメリ州ペトリコフ地区〉のほか多数）

世界銀行との共同プロジェクト

　2006年以来、ベラルーシ政府は世界銀行と共同で、チェルノブイリ原発事故被災地区再生に関するプロジェクトを（ベラルーシ共和国と国際復興開発銀行との借款協定に基づき）総額5000万米ドルの借款で実施している。このプロジェクトの枠組みでモギリョフ州、ゴメリ州およびブレスト州の汚染地区の250の公共施設におけるエネルギー効率の向上、放射能汚染地区（約20居住区）の個人住宅ガス開通へ向けた取り組みが行われている。

　世界銀行からの借款総額4710万米ドルをもとにした国際プロジェクト「チェルノブイリ原発事故被災地域の再生」の第1フェーズが完了した。このうち2020万ドル分は2010年に実施された（表15）。

ブレスト州ストリン地区ベロウシャ村の幼稚園（2010年開設）

子どもリハビリ・健康増進センター「コロス」

表15 2007〜10年の世界銀行のプロジェクトによる契約履行状況に関して

実施年	締結契約数	履行契約数	契約履行に伴う支出（単位：10億ベラルーシ・ルーブル）
2007	14	7	5.3
2008	12	7	16.0
2009	31	26	49.5
2010	25	39	87.3
合計	82	79	158.1

　プロジェクトの実施期間を通してボイラー施設19ヵ所の改修や改良が実施された。ブレスト州、ゴメリ州、モギリョフ州では、公共関連の240施設に省エネ型の照明が設置された。同じく106施設では建物の暖房効率を向上させる改修工事が施工された。さらに集合住宅3045棟にガスが開通し、ガス供給網160.6kmが敷設された。

ベラルーシ・ロシア連合国家計画

　2010年にはベラルーシ・ロシア連合国家計画の枠組みで、被災地域にある居住区や農業・加工関連企業の重点的再生支援が行われた。主な内容は次のとおり。

- 放射能汚染地域にある農業関連企業による商品用馬肉生産を推進すること――モギリョフ州スラヴゴロド地区にある農業関連企業において法定汚染がなく競争力のある商品馬肉の生産が整備された
- ホイニキ地区およびブラギン地区産の牛乳を原料とする乳製品を製造するため民間単一企業「ポレシエ・チーズ」に新たな製造技術工程を導入すること――地元産の原料を使用し、放射線安全基準を満たす商品生産の技術が導入された
- 地元産の果実・ベリー類と野菜を原料とした保健機能性飲料の新製品の生産体制を整備すること――株式会社「ブィホフ缶詰・乾燥野菜工場」（モギリョフ州ブィホフ市）で地元産原料を使った保健機能性飲料の生産体制が整備された
- 放射能汚染地域の住民向けに栄養価の高い予防用食品の生産体制を整備すること――食品添加物としての栄養補助食品、商品名「ドピナト」（「ドピナト・セレン」、「ドピナト・ヨウ素」）の生産試験場が運用を開始した。またホイニキ・パン工場において、ミネラル成分が改善された新種のパンや小麦粉使用菓子の製造ラインが開発された
- 乾燥野菜やジャガイモを使用した抗酸化性食品の生産体制を整備すること――スラヴゴロド乾燥野菜工場（モギリョフ州）に乾燥野菜やジャガイモを原料とするインスタント食品の製造ラインが整備された
- 放射能汚染地域の農業組織の一般農場において家畜生産に最適な基礎飼料の試験プロジェクトを策定・実施すること――ゴメリ州ブラギン地区の公共農業単一企業「マロジンスキ」では、家畜生産に最適な基礎飼料の確立に関する試験プロジェクトが策定された
- ブレスト州の汚染地区の住民に対して汚染のない果実・ベリー製品を供給するため区画分けされた果樹園をつくること――ブレスト州ストリン地区ベレジュノエ村の農業法人「オレシャKMI」を拠点にして総面積50ヘクタールの区画分けされた果樹園がつくられた

被災地域の発展を目指す特別プロジェクト

　農業組織や居住区の重点的再生支援のパイロットプロジェクトは「国家計画2011～15年」の特別イノベーション・プロジェクトのお手本となった。特別プロジェクトは、チェルノブイリ原発事故の影響による具体的問題を十分に考慮に入

れた、被災地域の社会・経済の発展を狙いとしており、実施過程における方針は次のとおりである。

- チェルノブイリ原発事故放射能汚染地域の社会・経済的潜在力の再生とさらなる発展
- 放射能汚染地域における生産・加工の高度技術の導入、畜産・酪農、種子生産の品種基盤の充実
- 原発事故で被災した生産現場の改善・設備更新
- 原発事故被災地域の天然資源を加工する新たな産業の創出
- 放射能汚染地域に居住する住民に魅力的な生活環境を提供するインフラ整備

被災地区では、今後10年間で76件の多岐にわたる特別プロジェクトの実施が計画されている。そのなかには、ロガチョフ地区でのセラミックレンガの生産体制整備、レリッツィ地区での泥炭燃料ペレットの製造立ち上げ、ピンスク地区での乳業農場の建設、ドブルシュ地区でのキノコ栽培用の温室整備、ウヴァロヴィチ亜麻紡績工場の改修と設備更新、チェリコフ地区での高級魚養殖場の建設などがある。この計画には、さらに畜産・酪農および種子生産の品種基盤の拡充、被災地域のインフラ整備なども盛り込まれている。

特別プロジェクトは、チェルノブイリ地域の社会・経済的潜在力の発掘と発展を目的としている。この実現のために新しい生産体制の構築と既存の生産体制の改善が同時に進められ、先端技術の導入が予定されている。重要なのは、このようなプロジェクトが被災の最も著しい21地区すべてで実施されることである。

特別プロジェクトは、国家予算を財源としつつ、その他の財源(組織の自己資金、地方予算財源、外国からの投資を含む借款、その他の国家計画やセクター別計画の予算)も活用して実施されている。

3.10　放射線生態学教育、専門家養成、住民や社会への情報提供

放射線関連学の専門家養成

　放射線生態学(radioecology)、放射線安全および放射線医学の各分野の専門家養成、被災者に対するこれらの分野についての情報提供や啓発活動は、ベラルーシにとって極めて重要な意義を持っている。

放射線生態学教育の確立へ向けた体系的作業は、1989年、教育科学省の決定に基づいてすべての教育段階（中等学校、中等専門学校、高等教育機関）の全学生のために放射線安全に関する特別過程が導入されたときから始まった。1996年には「ベラルーシ共和国における放射線生態学教育の方針」が策定され、国家放射線防護委員会および教育省によって承認された。

　放射線生態学、放射線生物学、放射線安全の分野で高い技能を持つ専門家の養成は、A.D.サハロフ記念国際国立環境大学および国立農業アカデミー（ベラルーシ国内および欧州全土で最も伝統のある農業分野の高等教育機関）で行われている。

　国際国立環境大学は、800名以上の放射線生態学および放射線生物学の専門家を輩出した。さらに今は生態学に関連するほとんどの専門分野をカバーし、人材育成分野を一段と拡大した。国内で放射線生態学の専門家の数が飽和したことや、2008年の原子力エネルギーの発展に関する国の執行部の決定を勘案し、「放射線生態学」専攻は閉鎖され、それに代わって「原子力・放射線安全」分野のエンジニアが育成されるようになった。現在、その枠組みで「放射線管理・モニタリング」を専門とする人材が育成されている。

　2006年以降、大学は「原子力・放射線安全」の修士養成にシフトした。この分野での人材育成の内容は、すべての産業における放射線防護および電離放射線源の安全な利用、さまざまな規模の放射線事故の発生防止、事故被害の処理・低減に関する活動全般を網羅している。

　国際国立環境大学では2001年から、国際原子力機関（IAEA）の「放射線防護および電離放射線源の安全に関する地域コース」の枠組みで人材の再教育を行っている（2005〜06年の研修期間は23週間）。このコースでは、ロシア語を作業言語として用いる独立国家共同体（CIS）諸国、バルト三国、東欧出身の若い（35歳まで）専門家が学んでいる。2011年までに141人がこの研修を受けた。

　放射線生態学のなかでも農業のニーズに応じた専門家の養成は、1996年から国立農業アカデミーの農業生態学部（モギリョフ州ゴルキ市）で行われている。同学部の卒業生は、放射性核種の人体や動物への移行を防止するため、放射能汚染地域における作物栽培の先端技術や畜産品の生産技術を習得している。

子どもや若者の教育

　放射能汚染状況下における安全な生活文化を醸成するため、教育省によって国内の子どもや若者に対する放射線生態学教育の一貫したコースがつくられた。学

校では、子どもや学生が放射線生態学についてより深い知識を得るため、さまざまな形態の学習や課外活動などの追加カリキュラムが設けられている。学齢期の子どもの放射線生態学教育は、普通学校では低学年、中学年、高学年のクラスで「人間と世界」（理科・社会総合科目）の教科、また選択科目の「生活安全の基本」のなかで行われている。普通科目の学習はテーマごとの口述形式によって行われるが、選択科目は正規授業のほかに課外授業や学外行事をとおして掘り下げた学習が行われており、チェルノブイリ原発事故被害対策関係機関の専門家を講師として招聘することもある。

　放射線生態学教育を行うためにベラルーシでは多くの教材が開発された。なかでも最も重要なのは、2008年に非常事態省チェルノブイリ原発事故被害対策局の発注で出版された、普通学校の教師のための指導手引き『放射線生態学の基本と安全な生活』である。

広報・情報提供活動

　チェルノブイリをテーマとした広報・情報提供活動にはチェルノブイリ原発事故被害克服の各段階で特徴がある。

　2000年までは、はっきりとした目的を持った住民広報は、原発事故被害克服に従事する関係省庁や組織にとっての最優先課題ではなかった。というのも、それまでに直面していた課題が、避難、大規模除染、住民移住、放射能検査体制の確立、医療・社会保障、農林業分野の対策といった一刻を争う性格の緊急対策だったからである。政府がジャーナリズムの職業精神に頼っていたといってもよく、記者が住民に対してチェルノブイリ原発事故の被害と対策についての情報を提供していた。

　一方、国立科学アカデミー社会学研究所は、チェルノブイリ問題に対する住民の態度全般、またチェルノブイリ問題について得られる情報の量と質に対する住民の満足度について定期的にアンケート調査を行った。これらの世論調査の結果を踏まえて、1996年から汚染地区居住者および移住者のリハビリ施策における情報提供の効率性を向上させる試みが行われた。注目されるのは、その時点で84％の住民がチェルノブイリについて公式情報よりも噂を信用していたことである。この状況を根本的に改善するためには、深く系統だった作業が必要なことは明らかであった。

　2003年、ベラルーシは、被災地域の住民、行政機関および専門家に対する情報提

供活動の新しいステップの基礎となる「チェルノブイリ原発事故問題に関する情報提供の指針」を作成した。この指針は、非常事態省チェルノブイリ原発事故被害対策局が承認する年次計画に基づいて、20を超える組織が参画して実行に移された。

チェルノブイリをテーマにした情報提供を進展させるための次のステップとなったのは、「チェルノブイリ原発事故被害問題に関するロシア・ベラルーシ情報センター（RBIC）」の設立であった。2003年には、ロシア科学アカデミー付属原子力エネルギー安全開発問題研究所（IBRAE）（モスクワ）を拠点としてRBICのロシア支部が開設され、2007年9月にはベラルーシ支部BBRBIC（ミンスク）が非常事態省放射線学研究所の支部として開設された。

地域に根差した情報提供

ベラルーシ・ロシア連合国家の枠組みにおいて、2006～10年にチェルノブイリ原発事故被害克服に関する共同活動計画が実施された。同計画はチェルノブイリ関連の一連の計画のなかでは初めてチェルノブイリ原発事故の被害克服問題に関する共通の情報政策の実施に力点を置き、この枠組みのなかでチェルノブイリ問題に関する情報提供について新たなアプローチが考案され、以下のことが実行に移された。

- 被災地区における「地域情報ポイント（Regional Information Point）」および「地域情報センター（Regional Information Center）」の開設
- 電子情報も含むチェルノブイリ関連情報リソースの構築
- テーマ別の情報提供活動、意識啓発活動、学習キャンペーンの実施
- 本分野の活動における戦略・概念的基盤や基礎的方法論の開発

さらに、各地の情報提供活動の支援拠点とするため以下のことが実施された。

- 最も著しく被災した地域の地区執行委員会（地区行政執行機関）に21ヵ所の情報ポイント（ソフト・ハード両面が整備され、テーマ別情報リソースや個別の電子メールアカウントを有する）が設置された。
地区執行委員会が任命した専門家が、この業務やBBRBICとの相互連携を担当する
- 立入禁止区域および退去区域の行政当局に8ヵ所の情報ポイントが設置された。
職員が住民に対して当該区域立ち入り・滞在規則について説明を行う
- 学校施設内に19ヵ所の専用学習ルーム「放射線安全と安全生活の基本」が設置された

最後の学習ルームの設置先として学校施設が選ばれたのは、ターゲット集団である子どもや若者は放射能汚染地域における安全な生活に必要な知識取得が最も早く、将来的には他のカテゴリの住民集団に対して学んだ経験を普及するリーダーとなるからである。

　上述の地域情報ポイントや情報センターとBBRBICとの間では相互の情報連携ができているが、さらに同じ地区の他組織間、地区を越えた地域情報ポイント間、州や国の組織間におけるそれぞれの定期的な相互連携の試行が開始されている。この相互連携の発展は、将来の活動に向けた重要な方向性であり、地域情報センターが体系的活動に移行するために必要不可欠な条件である。

情報の電子化

　チェルノブイリの情報リソースの構築にあたって力点が置かれたのは、情報の電子データ化であり、地区レベルの活動における電子データ情報へのアクセシビリティはIT技術の進歩とともに大幅に増した。このとき最も重視されたのは、広範な層の利用者の関心に応え得る多様な情報を集積したチェルノブイリ問題の総合電子情報リソースを構築することであった。このため利用対象者は、放射線管理、教育、医療・保健、文化、マスコミの関係者や専門家から、放射線についての一般知識を必要としている被災地の一般住民まで多岐にわたる。

　現在、情報リソースは、ゴメリ州、モギリョフ州、ブレスト州の各執行委員会や最も著しく被災した地域の地区執行委員会（計21ヵ所）、専用学習ルーム「放射線安全と安全生活の基本」（計19ヵ所）、立入禁止区域および退去区域の行政当局の情報ポイント（計8ヵ所）に設置されている。

　被災地区に対しパソコンのソフト・ハードを媒体とした情報リソースを構築・提供することは、被災地域の経験共有と再生へ向けた取り組みのひとつの段階である。

　チェルノブイリをテーマとする情報は、ロシアとベラルーシの専門家による2つの共同研究に集約されている。ひとつは、ロシアとベラルーシのチェルノブイリ原発事故被害の主要な側面のデータを集積した情報バンクであり、もうひとつは、事故被害に関するロシアとベラルーシの現状と今後の予測についての地図資料である。これらは基礎的かつ包括的な科学文献であり、さまざまな地形における放射能汚染、汚染地域区域分け（ゾーニング）、事故処理作業員や住民の被ばく線量、汚染地域の放射線・衛生、人口動態、社会・経済上の状況、医学的影響、チェルノブイリ原発事故被害克服重点計画および社会保障に関する地図や分析資料を含む。

インターネット利用者をターゲットとしたチェルノブイリに関する情報提供のなかで重要な施策は、2009年におけるRBICのウェブサイトのベラルーシ版〔参考資料19〕の立ち上げである。同サイトは幅広い層を対象とし、原発事故被害とその克服についての最も実用的な情報を提供している。そのなかには、住民向けのページ「知っておくこと」、「チェルノブイリの科学」のサイト、電子図書館がある。将来的にRBICのウェブサイトは、チェルノブイリに関する被災地区のインターネット・リソースを統合する情報ポータルへと発展させることが計画されている。

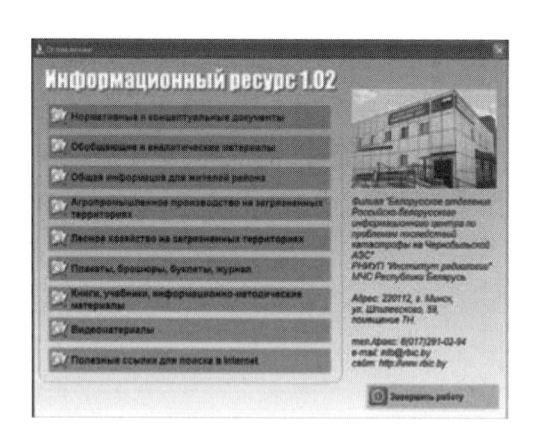

　2009年から、月刊電子ジャーナル『ふるさとを復興させよう』が発行されており、同誌の印刷版は国内およびベラルーシ・ロシア連合国家の議会や行政府、被災の最も著しい州の州執行委員会や21地区の地区執行委員会、地方組織に配布されている。2010年からは、月刊版に加え、外国の読者向けに特別版の発行も開始された。連合国家向けの企画展示「ともにふるさとを復興させよう」と欧州向けの展示「チェルノブイリとベラルーシ——過去、現在、未来」も開催されている。

現在の情報分野の戦略
　2006～10年に、さまざまな住民集団や専門家集団を対象としてテーマ別施策が試験実施され、現在、以下の施策が実施されている。

- 特定の専門家集団（医師、教授、広報担当者、ジャーナリストなど）に向けたワークショップ
- 情報提供・普及施策（毎年のチェルノブイリ事故記念日に捧げるインターネット上のキャンペーン活動。汚染地域の生活環境、復興および発展の状況についてジャーナリストに正しい理解を促進する被災地域へのプレスツアー）

●地区レベルのさまざまな専門家集団を対象としたセミナーや相談会を開催し、ポスト・チェルノブイリの現代の住民対応における情報戦略の特徴を学び、対応を改善すること

　これらの活動によって、被災地区の地域レベルの情報構造や情報リソースに重点を置いた体系的活動へ移行できる前提が築かれ、2011年以降におけるチェルノブイリ問題に関する情報分野の活動戦略が定められた。

　チェルノブイリ原発事故被害克服における国の優先課題（被災地域の復興と発展の方針）とその実現に向けたアプローチの変化は、この分野での情報提供活動に大きな影響を与え、「国家計画2011〜15年」に反映された。チェルノブイリ問題に関する国の情報政策を共通方針のもとで実施するため、従来採用されていた「チェルノブイリ原発事故問題に関する情報提供の方針」に代わって、2011年から「チェルノブイリ原発事故被害克服分野における包括的情報支援体制」が策定・実施されている。

　この支援体制の目的は、①国の中央および地方機関に対しチェルノブイリ原発事故被害克服分野の国の政策の実施について体系的な情報提供を行うこと、②チェルノブイリ事故被災地域の復興と発展に向けた住民の積極性を支援すること、③放射線文化を普及すること、④国内の非汚染地域や国際社会の人々に、被災地区に対する前向きなイメージを醸成することである。

第4章

チェルノブイリ事故被害克服の長期的課題：解決と戦略

　原発事故被害の克服は複雑かつ長期に及ぶプロセスである。そこでベラルーシは10年先を見据えながら、現実的な再生の展望を描いている。

　発展期を迎えた今、被災地域の社会・経済的な潜在力をいかにして高めることができるか、また住民にとって魅力ある生活はいかにして可能なのか。模索のなかからネガティブな印象を払拭する、新しい国の姿を打ち出す。

●国土の放射能汚染：

汚染レベルは自然崩壊を主要因に低下。セシウム137による土壌汚染濃度37kBq/m²以上の土地は、1986年の23％から2046年には10％に

●高レベル汚染地域：

検問・管理体制を最適化していくが、原発周辺地域は数百年にわたり危険。住民を疾病リスクから遠ざける防壁、自然保護区、研究試験場として活用する

●放射線モニタリング：

放射能汚染状況の評価や将来予測などに活用するため、長期的・定期的な観測が続けられる

●健康問題：

チェルノブイリ事故の医学的影響の正確な評価や予測、ターゲット型医療支援に役立つ登録台帳データの増強と拡張を継続

●社会・心理的なストレス：

原子力事故を克服した国としてイメージ転換を図る。また正確な情報の提供や啓発活動などを通じて、社会・心理的なストレスを軽減する

● **記憶の継承：**
出版、慰霊、文化・芸術活動など追悼・記念行事を通じて、事故被害の記憶を人類の教訓、次世代への警告として継承する

● **発展戦略：**
被災地の再生と持続的な発展に向けた特別プロジェクトを実施し、新産業の創出を目指す

4.1 長寿命放射性核種による土地汚染の予測

汚染レベルの低下

「チェルノブイリ原発事故による放射能汚染地域の法的地位に関する法律」第4条にしたがえば、放射能汚染地域に分類されるのは、土壌汚染濃度がセシウム137は37キロベクレル／m²（1キュリー／km²）以上、ストロンチウム90は5.5キロベクレル／m²（0.15キュリー／km²）以上、プルトニウム238・239・240は0.37キロベクレル／m²（0.01キュリー／km²）以上の土地である。現行の区域分け（ゾーニング）は、チェルノブイリ原発事故被害の低減および住民の放射線安全に関する施策の計画や実行において利用されている。

放射能の全体的変化としては、土壌汚染濃度は徐々に低下する傾向にある。

汚染レベルの低下に寄与しているのは、放射性核種の自然崩壊、放射性核種の土壌中の挙動とその定着である。なかでも自然崩壊が、汚染レベル低下の主要因となっている。

国土汚染問題の展望

放射性セシウムによる汚染の総面積は徐々に減少している。国立放射線管理・環境モニタリングセンターのデータによれば、1986年は国土の23％が37キロベクレル／m²（1キュリー／km²）以上のセシウム137で汚染されていたが、2001年は21％であった。2046年にはこの数値は約10％となる（1986年の初期汚染と比較すれば42％に低下した）。

セシウム137が555キロベクレル／m²（15キュリー／km²）以上の汚染面積は減少速度が速く、1986年当初の汚染と比較して2016年には3分の1、2046年には10分

の1に減少する見込みである。

　2056年までのベラルーシの州別の放射能汚染動向が〔参考資料18〕に示されている。

　汚染面積が減少するということは、放射能汚染地域内の居住区やその他の施設のリストを定期的に見直す必要があるということでもある。

　2050年には放射能汚染地域に分類される居住区の数がかなり減少することが予測されている（表16）。

表16 放射能汚染地域内の居住区数の変動予測

年	土壌汚染濃度 (kBq/m²〈Ci/km²〉)					
	セシウム137			ストロンチウム90		
	555〜1480 (15〜40)	185〜555 (5〜15)	37〜185 (1〜5)	74 (2.0)超	18.5〜74 (0.5〜2.0)	5.55〜18.5 (0.15〜0.5)
2006	25	552	2484	-	125	863
2010	22	506	1915	-	116	554
2015	13	361	1817	-	96	526
2020	8	294	1748	-	66	462
2025	6	228	1664	-	51	414
2030	2	174	1593	-	36	351
2040	-	95	1312	-	15	259
2050	-	57	1161	-	5	212
2090	-	1	428	-	-	36

4.2　高レベル汚染地域の利用に関する長期的戦略

検問・管理体制の最適化

　高レベル放射能汚染地域の利用において今後重視されるのは、住民が避難や移住したあとの地域の管理体制の改善や同地域の運営に関する長期的戦略の策定である。具体的には、市民の無許可の滞在や活動を防止する検問体制の確保、立入

禁止区域の管理の改善および火災に対する安全の向上、ポレシエ国立放射線・生態保護区を拠点とするチェルノブイリ原発周辺地域にある野外試験場の改善および拡充などである。

セシウム137やストロンチウム90の汚染低下による汚染状況の改善を踏まえて、市民の立ち入りが制限されていた地域の再生、具体的には農地の再利用、保安地域にある特定区域の検問解除などが想定されている。

検問体制の境界の最適化が、ゴメリ州ヴェトカ地区、ホイニキ地区、ブダ・コシェリョヴォ地区、モギリョフ州クリモヴィチ地区において実施された。

検問体制が敷かれる地域は、ゴメリ州の8地区(ブラギン地区、ブダ・コシェリョヴォ地区、ヴェトカ地区、ドブルシュ地区、コルマ地区、ナロヴリャ地区、ホイニキ地区、チェチェルスク地区)とモギリョフ州の5地区(クリモヴィチ地区、コスチュコヴィチ地区、クラスノポリエ地区、スラヴゴロド地区、チェリコフ地区)である。検問によって警備される地域の総面積は5500km^{2}である。

「国家計画2011〜15年」では、立入禁止区域および退去区域の火災安全確保が定められており、具体的には毎年240ヘクタール以上の無機層の防火帯を一般道沿い、旧居住区や墓地の周囲、森林と泥炭層の境界に設けることとされている。

立入禁止区域および退去区域には267ヵ所の墓地があるが、市民の自由な立ち入りが制限されていることから、これらの墓地の維持管理を継続して実施する必要がある。国家計画では5年ごとの墓地の保守作業が規定されている。そのほかに、大祖国戦争戦死兵の慰霊碑や埋葬場所計92ヵ所の維持管理費も国家計画に盛り込まれている。

法的管理下に置かれる地域の境界線を住民へ周知するため、検問地域を通過する一般道入口や立入禁止・退去区域との境界に、放射線の危険を知らせる警告標識を設置・更新することが定められている。

検問体制の解除が引きつづき行われることに伴って、ゴメリ州やモギリョフ州の該当地区の地図の更新や出版が予定されている。

原発周辺地域の役割

チェルノブイリ原発周辺地域に含まれるポレシエ国立放射線・生態保護区は高レベルの放射能汚染地域である。保護区域の放射能汚染はモザイク状で不均一な特徴を持つため、一定の区画を区切って経済的に活用することは不可能である。放射能汚染は自然環境のあらゆる部分に及び、土壌、森林、河川、湖沼、動物

相、植物相、大気に影響を及ぼしている。「汚染のない」対象物はここには存在せず、あるのは汚染の程度の差のみである。

原発周辺地域の特徴は、超ウラン核種による汚染であり、原発からより離れた地域ではこの現象はほとんど観察されていない。さらに避難区域の汚染は燃料の粒子によって複雑化している。事故が発生した4号炉の核燃料の微粒子は爆発と火災の際に環境中に放出され、30km圏内のほぼ全域に降下した。このような酸化ウランの微粒子は自然界ではほとんど溶解することがなく、非常に高い比放射能を持つ。原発周辺地域は今後数百年にわたって人間にとっての危険源であり続けるだろう。このため、立入禁止区域および退去区域は、住民が追加的な放射線負荷やさまざまな疾病リスクにさらされないためのバリアの役割を果たしているともいえる。

自然保護区としての役割

人間が立ち去ったことにより、この地域からは自然界、植物相や動物相に対する人的ストレスが取り除かれた。その結果、自然の本来の営みに向けた発達プロセスへの移行が顕著になった。地下水位が上昇し、土地の沼沢化が観察された。また、ゆるやかに森林の再生が進み、かつての農業用地には野草がうっそうと生い茂るようになった。この保護区では、国内のほかの保護区には見られない、厳格な検問体制が機能している。この地域で稼働させる機械設備は最小限に抑えられている。食物が豊富なこと、ストレス・阻害要因が存在しないことで、動物界の生物多様性が急速に増した。したがって、この地域のもうひとつの用途は、自然保護区という観点を通じて検討されなければならない。このようなアプローチは、ベラルーシ共和国が批准した多くの自然保護関連の国際条約とも整合する。

研究試験場としての役割

この地域の動物相および植物相は、常に観察下に置かれており、放射線が生物相に与える長期的作用について重要な科学的成果をもたらし、線量と効果の相関関係の科学的解明、放射線生物学および医学の概念レベルのアプローチの検証を可能とする。このアプローチにおいて動植物は、同様の条件下に置かれた人間が直面するプロセスの生物学的指標となり得る。

このことから、高レベル汚染地域のもうひとつの用途として研究試験場として活用することが考えられる。この地域に対する学術的な関心は依然として高い。原子力が発達し、自然や気候条件が似ている多くの欧州諸国は、この分野におけ

るベラルーシの研究成果を注視している。人類は、大惨事から最大限の功用を引き出し、合理的なすべてのものを選択しなければならない。将来あり得る原子力事故に対抗するため蓄積された経験を持っていなければならないのである。

4.3　環境放射線モニタリング

大気、土壌、表層水と地下水の観測

　放射線モニタリングとは、放射能汚染状況の評価および将来的な変化を予測するための長期的・定期的な観測システムのことである。モニタリングのデータは、放射能汚染地域のさまざまな国民経済分野の発展計画、住民の健康に対する放射線の影響評価、地域別自然資源管理の戦略策定に利用することができる。

　ベラルーシの環境放射線モニタリングは、国立環境モニタリングシステムの一環として実施されている。放射線モニタリングの観測対象は、大気、土壌、表層水と地下水である。

　「国家計画2011～15年」の枠組みで、測定結果の比較可能性を維持するため、測定結果の生活上の重要性も考慮し、以下の環境パラメータの推移についてモニタリングが行われている。

- ガンマ線量率（観測地点55ヵ所）
- 大気中の放射性核種濃度
　（大気からの降下物は27ヵ所、大気中のエアロゾルは7ヵ所で測定）
- 河川、農業水路の表層水および底堆積物の放射性核種濃度
- 農業用地（常時観測地点15ヵ所）、休耕地（地勢・地質化学野外試験場19ヵ所）の放射能汚染および土壌断面の放射性核種移行の推移
- 森林の土壌および植物の放射能汚染の推移（常時観測地点88ヵ所）

放射線モニタリング所

　大気、土壌、表層水、地下水の自然放射線量および放射能汚染の観測は放射線モニタリング所で行われている。

　放射線モニタリング所は、観測ステーション、観測ポスト、表層水の水質調査地点、観測井、自然状態や人工涵養の地下水の水文調査点などで構成される。

放射線モニタリング所の数や位置、観測パラメータや観測頻度、放射能モニタリングの実施技術によって、放射線量および環境の放射能汚染を客観的に評価するために十分な情報が提供されている。

データの情報公開

　長期間保管すべき放射線モニタリングデータは、法律によって定められた手順にしたがい、国の「環境状態および環境有害影響データベース」に加えられる。

　国家機関、法人および国民は、国立環境モニタリングシステムの情報分析センターで、法律によりアクセスが制限されている情報を除き、放射線モニタリングの実施結果に関する情報を無償で請求・取得することができる。

　放射線モニタリングのデータは中央の国家機関、地方の執行・監督機関、法人へ提供され、天然資源の合理的利用や環境保全に関する国家計画、住民の放射線安全分野の計画、チェルノブイリ原発事故の被害克服に関する計画、天然資源の合理的利用や環境保全に関する地域総合スキームなどの計画案の作成において参考にされる。また大気、土壌、表層水、地下水の放射能汚染に関する情報提供、放射能汚染状況に関する国民への情報提供などの目的にも利用されなければならない。

　環境の放射能汚染に関連する非常事態が発生する恐れがある、あるいは発生した場合、非常事態の防止や被害最小化のための緊急措置のため、閣僚会議が定める手続きによって、放射線モニタリング情報は非常事態省、中央の国家機関、政府所管のその他の国家機関、地方の執行・監督機関、地方住民へと伝達される。

　このような体制は今後も維持される予定である。

4.4　被災者の健康管理──健康観察制度、専用登録台帳の発展

汚染地域住民の健康管理

　約110万人の国民が放射能汚染地域で暮らしている。チェルノブイリ原発事故から四半世紀が過ぎたが、事故被害と関連して住民を最も不安にさせているのが健康状態である。事故被害克服の経験が示すのは、住民への放射線の悪影響の低減は、保健機関の業務の体制と効率性に大きく依存するということである。

　ロシア・ベラルーシ連合国家に対する、チェルノブイリ原発事故による放射

線被ばくの現状評価と長期的影響予測は社会・経済的に大きな意義を持っている。被ばく線量に依存する放射線リスクやその形態に関する現代の知識は、日本で原爆を経験した住民が主要な情報源となった。その一方、そこから得られたデータが、チェルノブイリ原発事故後のベラルーシやロシアの状況評価に適用できるかは疑問の余地がある。被ばく源の物理的パラメータ、その他の社会・経済環境、人種・地政学的特徴などが異なるからである。

低線量被ばくのリスク評価

現在も学界では低線量被ばくに関する腫瘍誘発の放射線リスクについて議論が続いている。国内外で発表される研究結果は多様であり、時には相反する結果となっているが、これは低線量放射線の生物学的効果の評価について学界にさまざまな異なる立場があることを反映している。

登録台帳の重要性

国家登録台帳の医学・線量・放射線生態データバンクの設置・維持に関する活動は継続して行う必要がある。これは、線量依存性評価に関する放射線・疫学的研究および医学的影響の予測を被ばく者のために行うことでもある。この台帳は、被災者への専門医療支援のターゲット型アプローチにおける最も重要なツールであり、かつ基礎情報となる。

ロシア・ベラルーシ共通チェルノブイリ登録台帳は引きつづきデータを増やし、拡張していく予定である。この台帳作成の主な目的は、被災者や事故処理作業員の健康状態について共同でモニタリングを行い、チェルノブイリ原発事故の医学・生物学的影響に関する信頼のおけるデータを得ることである。

共通登録台帳の作成は、科学的・実践的に重要な意味を持つ。なぜなら、共通化した手順や総合的な放射線学・疫学・統計学的情報分析の手法や基準に基づき、ロシアとベラルーシの登録台帳データを統一することは、両国民にとってのチェルノブイリ原発事故の医学的影響をより正確に評価することを可能とし、予測評価の代表性や信頼性を高めることにもなるからである。

継続的な課題

引きつづき取り組まなければならない課題は以下のとおりである。

●有害因子に対する身体の抵抗力を向上させる予防プログラムを導入し、放射線誘発

疾患およびその他の疾患のリスクを低減させること
- さまざまなカテゴリの被災者および事故処理作業員の放射線誘発疾患の早期診断
- 治療効果の向上、病状悪化や合併症の予防、障害率や死亡率の低減
- 最新の低被ばく診断設備の利用による患者の被ばく線量の軽減

この関連における優先事項は、診断・医療の先端医療技術を地区レベルで導入することであり、遠隔医療技術と地方で効果的に活用できる最新の治療・診断設備が対象とされている。

4.5　チェルノブイリ原発事故の社会・心理的側面

ステレオタイプによる心理的な被害

情報の不足や大規模事故特有の複雑な状況は、根強いステレオタイプ、いわゆる「チェルノブイリ・スティグマ（烙印）」を生み出す原因となった。このステレオタイプは、汚染地域に居住する人々の社会・心理状況、さらにベラルーシという国全体の社会文化空間の形成に対しても否定的影響を与えつづけており、事故被害克服や地域発展のプロセスにおける今後の前進にとっての阻害要因となっている。なぜなら、この段階においてはこれらのプロセスへの住民参加が必須だからである。

「チェルノブイリ原発事故被災者」のカテゴリに分類される住民の社会・心理的状況の評価に関する研究は、1990年代から行われている〔参考資料20、21〕。

原発事故による社会・心理的被害は、大多数の住民の感情や情緒の変化に現れており、このことが神経心理の防御メカニズムの衰弱や人体の適応システムの障害をもたらしている。

心理的被害の要因

観察されている心の障害の主な要因として分類されているのは、放射線の影響に関する不十分な知識、自分や近親者、とくに子どもの健康や幸せに対して常につきまとう不安、生活パターンの急激な変化（強いられた移住、安定した生活スタイルの崩壊、職場や仕事内容の変化）、各種予防策に常にしたがい予防検診を受診しなければならないこと、社会・職業上の自己決定の選択肢が狭まったこと（と

くに若者）、放射能汚染状況や被害に関する情報の錯綜である。

　放射線安全の分野で十分な知識を持たない住民は、多くの病気をわずかな被ばくと関連づけては、放射能汚染地域に住むことの害悪について虚構をつくり出す。それが結果として、他者への依存状態あるいは非生産的な生活スタイルにつながっている。

　汚染地区の住民は、居住地域に放射能汚染があるという現実と社会・経済の緊張全般という相乗効果をもたらす2つの要因の影響による心理的ストレスを抱えている。

　原発事故の心理的被害は実際の環境汚染だけでなく、政府関係者の行動、マスメディアの発表、さまざまな情報の洪水とも結びついている。汚染地域で暮らす住民のストレスは「情報ストレス」と特徴づけられ、その克服には的確な対策が必要とされる。

社会・心理面の研究

　2009〜10年の研究結果によれば、放射線を要因とした神経症のリスク集団に分類される住民の割合と人数が減少しているだけでなく、チェルノブイリ原発事故被災地域の暮らしに関する情報が不足している住民の割合が減少するなど肯定的傾向が認められる。神経症のリスク集団に分類される住民の割合と人数は、2009年の40％から2010年には17％まで減少している。

　社会学的研究によれば、過去数年間に住民の健康増進、そのための社会的支援、適時の情報提供などを含むリハビリ施策を講じた結果、被災地域の社会・心理的な状況がかなり改善されたとの分析結果が出ている。これに関連して、居住条件に適応できるようになった住民数も増加した。

　「犠牲者心理」に苛まれる人々の数は格段に減少している。

国レベルの課題と対策

　現在、国レベルで、放射線安全および放射線生態の分野における住民に対する情報提供・啓発の新しいアプローチが積極的に実行されている。その結果、社会・心理的ストレスの克服、生活に対する積極性の向上、チェルノブイリ原発事故被災地域の生活条件下での健康的な生活スタイルの形成が可能となっている。

　これに関連し、「国家計画2011〜15年」では、次のように情報関連分野の取り組みが拡大された。

- 被災地域の再生と復興の総合的課題に対する地域・国・国際レベルの取り組みにおいて国の果たす役割を示し、原子力事故被害克服の経験を持つエキスパート国としてベラルーシ共和国を対外的に示すこと
- 放射能汚染地域での活動をしっかりと提示し、ポジティブなイメージの形成を促すこと
- チェルノブイリ事故被災地域の発展プロセスに対する住民、とくに若者の参加を活性化すること
- 住民に放射線文化や汚染地域の安全な生活スタイルを醸成し、現状への適切な対応を促すこと
- 地方の電子情報リソースや情報機構の機能を発展・普及・維持し、それらのリソースをネットワーク化して統合すること
- チェルノブイリ原発事故とその被害の記憶を維持・継承すること。また欧州文化全般の文脈においてこれを行うこと

4.6　原発事故の記憶の維持と後世への継承

記憶を継承する意義

　過去の解釈や分析なくして自覚ある未来を築くことはできない。四半世紀は、国の歴史の大きな節目であり、被害克服へ向けた膨大な作業の積み重ねや、数百万の人々それぞれの運命でもある。

　放射能汚染地域では、430の居住区が避難や移住の対象となった。

　今では、自分の故郷へ戻ってきても、我が家の痕跡すら見つけることができない人が何百人といるだろう。なぜなら、多くの村や集落の建物は、埋め立てられてしまったからである（住民が退去した跡地を適切な衛生状態に保つため処分された）。

　唯一できることは、自分たちの先祖が暮らしていた土地の記憶を子どもや孫に伝えていくことである。したがって、住民が退去した村や埋設処分された村について記憶を留めるのに役立つ情報はいかなる情報であっても大きな意義を持ち、収集された資料は博物館の展示品の一部となる。

住民が退去した村に捧げられた記念碑とヴァシーリィ・イグナテンコの胸像（ブラギン村）

ガイドブックの作成

「国家計画2011〜15年」において、ベラルーシの汚染地域に関する写真ガイドブックの作成が開始された。この本は汚染の最も著しい21の地区を、「チェルノブイリ・ゾーン」という固定化されたステレオタイプとしてではなく、豊かな文化・自然遺産や独自の伝統とその継承者を誇る地域として紹介する。いくつかの地区では高齢者が人口の70％を占めるが、こうした人々は儀式や生活の唄を歌い、地元の伝説や伝承を語り伝えている。手工芸の達人でもある。このガイドブックが、「チェルノブイリ地区」の精神的・文化的遺産を維持して次の世代へ引き継ぐための一助となることが期待されている。

記念碑と追悼行事

ベラルーシにはチェルノブイリ原発事故時に消火活動に直接従事した人や爆発した原子炉の収束作業に参加した人が住んでいる。原発から45kmの距離にあるブラギン村の中央広場には住民が退去した村々に捧げられた記念碑や、同僚と一緒に命を捨てて鎮火作業にあたり炎との過酷な戦いを制した消防士ヴァシーリィ・イグナテンコの胸像がある。毎年、チェルノブイリの悲劇の日にはここで鎮魂集会が開かれ、英雄を追悼しようと国中、また外国からも訪問客が訪れる。

ミンスクでは、V.イグナテンコ通りで行われる記念行事のほか、チェルノブイリのもう一人の英雄であるヘリコプター操縦士ヴァシーリィ・ヴォドラシュスキーが住んでいた家の前にある記念碑の近くでも行事が行われている。ヴォドラシュスキーは、原子炉の炉心へ消化用混合剤を何度も投下し、若いパイロットに

は作業中の被ばくを最小限に抑える方法を教えた。

　残念ながら今日でも、住民避難の初期活動や火災の消火活動に従事した人、破壊された炉のまわりの石棺建設に参加した人など数百人の運命についてはそれほど多くのことが明らかになっていない。チェルノブイリ原発事故25周年を前にしてベラルーシでは事故処理作業員についての本が作られている。この本は、彼らの生涯の功績についての記憶を甦らせるのに役立つだろう。あの日々の出来事を語ることができるのは限られた人々である。すでに亡くなった人もいる。しかし、彼らの名前と業績は人々の記憶のなかに永遠に残っていくだろう。

　国内の多くの居住区では、チェルノブイリ原発事故後に住民が退去した村へ捧げた記念碑や慰霊碑が建てられている。カリンコヴィチ地区では、永遠の悲嘆を表した「サンカノゴイ」の記念碑が建てられ、チェリコフ地区では湖岸に慰霊施設が広がっている。スラヴゴロド地区では、「埋設処分された村々の並木道」の民家から人の声が再び響くことはないだろう。これらのモニュメントの台座にはいつも赤いカーネーションと哀悼の言葉を記したリボンのついた花輪が捧げられている。

文化・芸術作品

　チェルノブイリの記憶が文化・芸術面で作品化される機会が年々増えている。毎年ロシアで開催される国際環境映画・テレビ祭「守り、残そう」において、2007年にベラルーシのジャーナリストによる作品『プリピャチ・ディスコ』が社会評論映画部門で最優秀賞を受賞した。

　2010年には、ブラギンで子どもドキュメンタリー映画祭「クリスタルのコウノトリの雛」が開催され、チェルノブイリ原発事故被災地区から多くの子どもたちが参加した。映画はチェルノブイリをテーマとし、優秀作品に選ばれたのは、『私の世代とチェルノブイリ』であった。この映画のなかで最も心を動かすのは、映像の外に聞こえる子どもたちの声――「チェルノブイリ――それはからっぽの家のこと」、「チェルノブイリ――それは人が住んでいない村」、ため息とともに吐き出される「チェルノブイリ……なんという災難！」――である。

　ブラギンでチェルノブイリに関する記念書籍『葛藤・喜び・記憶』の出版記念イベントが開催された。この本には、チェルノブイリ原発事故とその後の人々の生活についての詩が紹介されている。

石碑「チェルノブイリの犠牲者へ捧ぐ」
（ミンスク市）

「広島の平和の石」（ミンスク市）

慰霊碑と慰霊施設

　ミンスク市内の民族友好公園には慰霊碑「チェルノブイリの犠牲者へ捧ぐ」と「広島の平和の石」が設置されている。後者は日本の市民の発意によって作られたものである。「聖母イコン『死者の救い』チェルノブイリ寺院」には、フィラレト大主教により清められた、大統領、ミンスク・スルツク府主教、全ベラルーシ総主教代理による後世への遺言の記念プレートが設置されている。この寺院は、1990年代にチェルノブイリ関連のNGOと一般市民の寄付により建立されたが、追悼行事を行うだけでなく、チェルノブイリ原発事故被害克服の功績に関する資料センターでもある。

　プリティツキ通りには、チェルノブイリ原発事故の犠牲者を偲ぶ総合寺院施設が建設された。この施設には、「嘆く者の喜び」聖母イコン教会、聖エフロシニ・ポロツク教会、聖ガブリエル・ベリストク礼拝堂、施設内へと続く鐘楼、イコン画工房、日曜学校、救貧院、貧者のための食堂、チェルノブイリ原発事故の犠牲者に捧げられた博物館、図書館、宿泊施設、記念墓地がある。

聖母イコン「死者の救い」チェルノブイリ寺院（ミンスク市）

　2010年6月ミンスク市内において、あらゆる戦争の戦死兵の慰霊の中心となっている「祖国の無辜（むこ）な犠牲者追悼全聖者記念寺院」にとって重要な行事が行われた。この日は地下礼拝堂が開かれるが、その壁がんには無名戦士の亡骸（なきがら）が埋葬されている。この寺院にあるのは墓だけではない。教会の扉は、6つの浅浮き彫り「ベラルーシの涙」で飾られ、それぞれの浮き彫りがベラルーシ人の栄光と悲しみの土地を表している。そのなかにはベラルーシ、ウクライナ、ロシアの国民にとっていまだ終わらない悲しみの土地、チェルノブイリも含まれる。

　2007年以降、「チェルノブイリ原発事故被害克服問題、正教会が被災者の精神・道徳教育・心理的リハビリに果たす役割」というテーマで国際セミナーが定期的に開催されている。

国境を越える文化行事

　チェルノブイリ事故の追想はかなり以前から被災区域の境界を越えた広がりを

見せている。2007年には、国際プログラム「再生のための協力（CORE）」の枠組みで「話して、雲さん……」という行事が開催された。ベラルーシ、ロシア、ウクライナ、フランス、ドイツ、オーストリア、スペイン、カメルーン、レバノン、フィリピンの子どもが自国の著名な文化人とともに、1986年4月にチェルノブイリ原発の原子炉から立ち昇った雲を主役とした物語を1年間でつくりあげる企画である。

　現代の子どもたちはその雲を実際に見たことはない。おそらく、だからこそ彼らのチェルノブイリに対する視点はとくに表現豊かなのだろう。参加者は、52作の独創的な物語をつくり、それをもとに10分間のショート・フィルムが撮られた。それぞれの参加者は、原発事故とその被害に対して独自の視点を持っていたが、全作品が楽観的な結末で終わっていた。子どもは笑顔をもって未来と向き合っている。

　この行事の参加国には、レバノンの戦争、アフリカのエイズ問題、現代のグローバルな環境問題など、子どもたちにとってチェルノブイリ原発事故に比肩するような問題があった。各国の子どもは、こうした国内問題や国際問題のプリズムをとおして、チェルノブイリの惨劇を見て、感じることができたのだろう。

国際教育セミナーの開催

　2010年には国際教育セミナー「チェルノブイリ──欧州の記憶」が首都ミンスクで開催され、欧州諸国の学生約30名が参加した。参加した学生は自国の歴史コンテストの優勝者であり、ベラルーシ、ベルギー、ブルガリア、チェコ、ドイツ、エストニア、オランダ、フィンランド、デンマーク、ラトビア、ポーランド、ルーマニア、ロシア、セルビア、スロヴェニア、スロヴァキア、スペイン、スイス、ウクライナの代表である。参加者は、チェルノブイリが人類に対して苦い教訓を与えたこと、そしてこの人為的な大惨事を忘れないことが過ちを繰り返さないために必要であるとの認識を共有した。また移住者や事故処理作業員との面談やチェルノブイリの犠牲者に対して欧州が実施しているプロジェクトの視察も行われた。同セミナーは、ドルトムント国際教育センターおよびメルカトール財団が、EUSTORY（欧州の若者のための歴史ネットワーク）およびヨハネス・ラウ記念ミンスク国際教育センターの協力を得て実施したプロジェクト「チェルノブイリから25年」の一環である。

　このプロジェクトでは、ベラルーシとウクライナの50人の証言者（消防士、兵士、医師、技師など）がドイツの計25の都市や町の住民に向けてそれぞれの人生や活

動を語る予定である。集会やインタビューは2011年1〜4月に行われる。これとあわせてリュディガー・ルブリヒトの写真展「事故処理作業員——忘れられたヨーロッパの救世主たち」も開催される。このプロジェクトは、チェルノブイリ原発事故の追悼の日であり、事故処理作業員に対する感謝の日でもある2011年4月26日にベルリンで開催される行事「チェルノブイリ——全欧州の課題」で幕を閉じることになっている。

事故25周年に向けた国際展覧会

2011年、ベラルーシによる国際展覧会「チェルノブイリとベラルーシ——過去、現在、未来」がEU諸国のチェコ、オーストリア、ベルギー、ドイツ、オランダ、そしてスイスで開始された。この行事はチェルノブイリ原発事故25周年に合わせて開催されるものである。

展覧会ではベラルーシの画家による作品展「筆で描かれた痛み」が開催される予定である。出展される作品は、チェルノブイリ原発事故の影響を受けたベラルーシの自然や名所の美しさ、事故処理作業員の英雄的行為、惨劇を乗り越えた人々の容易ならざる運命を描く。チェルノブイリの絵画には子どもの作品もある。「チェルノブイリとベラルーシ——過去、現在、未来」コンクールにはベラルーシの子どもの手による1000以上の作品が寄せられた。小さな画家の多くは被災地区

展示会「チェルノブイリとベラルーシ——過去、現在、未来」の一作品

に住んでいるため、その絵画は独特なリアリズムで際立っている。彼らにとってのチェルノブイリは統計上の数字ではなく、日常そのものである。とりわけ重要なのは、どんな絵にも——たとえそれが最も悲痛に満ちた内容であっても——喜びと希望のシンボルが垣間見えることである。子どもたちは、過去の痛みのあとには必ず未来の喜びがついてくると信じている。

　文化的意義のある行事としては、2011年4～5月にベラルーシ国立歴史博物館で開催される「ベラルーシ——チェルノブイリから25年」の展示会がある。ここでは、最新の展示技術を駆使して、チェルノブイリ原発事故被害克服の分野で国の政策が達成した主な成果と被災地区の文化遺産が紹介される予定である。
　チェルノブイリ原発事故被害の記憶は、人類にとってのかけがえのない教訓として、また未来の世代に対する警告として永久に留められなければならない。チェルノブイリの悲劇の記憶は、被害国の人間だけのものであってはならないのである。

4.7　被災地域の発展戦略——2020年までの課題

被災地域の社会・経済的潜在力の強化
　チェルノブイリ原発事故被害克服の分野において国が四半世紀にわたって明確な目的を持った政策を実施したことによって、多くの重要課題が解決された。チェルノブイリ原発事故被災者の社会保障が確保され、事故処理作業員や被災者の健康に対する悪影響のリスクが低減した。汚染地域の社会・経済再生でも前向きな結果を得ている。
　それと同時に、大規模な放射能汚染や複合的性格の住民放射線防護および被災地域再生は、チェルノブイリ原発事故被害の克服だけでなく、被災地域の復興や社会・経済の持続的発展へ向けた作業を継続していく必要性を示している。
　チェルノブイリ原発事故被害克服に関する国家政策の方針は、長期的には事故後の再生・復興を目指す施策から、被災地域の社会・経済的潜在力を高め、住民にとってさらに魅力的な生活条件を整備することへと移行していく。

今後10年間の課題

　2011から2015年および2020年に向けて、最も差し迫った課題としては以下が挙げられる。

- 国内および国際的な衛生基準を満たす商品生産を確保すること（牛肉および羊肉のセシウム137濃度基準をロシア連邦基準の160ベクレル／kgに移行する）
- 年間平均実効線量が1ミリシーベルトを超える可能性がある473居住区において包括的な防護措置を適用すること。年間平均実効線量が0.1～1ミリシーベルトの1929居住区において一部の防護措置を維持すること。
これによって従来達成してきた放射線安全のレベルを維持することができる
- 「チェルノブイリ原発事故およびその他の放射線事故による被災者の社会保障に関する法律」で定められた、チェルノブイリ原発事故被災者の社会保障条件を保障すること
- 現行世代および将来世代の医学的影響のリスクを低減するため、チェルノブイリ原発事故被災者の健康状態を継続して観察すること
- 子どもに対する食事の無償提供、健康増進およびサナトリウム・リゾート療養に関する施策を実施すること
- 森林火災防止、林業従事者の被ばく線量低減、放射能汚染地域の森林資源の合理的な活用に関する追加的総合施策を実施すること
- 放射線安全および費用対効果の観点を踏まえつつ、経済活動から除外された土地を経済的利用に復帰させる作業を継続すること
- 国の住宅基金に住宅建設のための財源を割りあて、現行法にしたがって社宅や優遇カテゴリ者用住宅として市民に提供すること。
同様にして公共施設を建設し、必要なインフラや新しい生産ラインを整備すること
- 国家計画の施策に対する科学的支援を継続すること
- 立入禁止区域および退去区域の維持管理、同区域の建築物の埋設処分を継続すること（住民が退去した地域では計220の居住区が埋設の対象となっている）
- 放射能検査・モニタリングの実施
- 放射能汚染地域の住民に対する情報提供・啓発活動を改善していくこと。
チェルノブイリ原発事故被害克服に関する国家政策に関しての国家機関および世論に対する情報提供の方法を改善していくこと

特別プロジェクトの展望

　放射線安全および費用対効果の観点からの放射能汚染地域の利用については、

被災地の復興と発展に向けた特別プロジェクトの実施という新しいアプローチが計画されており、そのようなプロジェクトのひとつとして採算性があり利益を生む生産物の開発・生産を可能とする産業の創出が目指されている。

　特別プロジェクトの形成にあたって基準となるのは、生産物に国の基準を上回る放射能汚染があること、放射能汚染のために国内外の市場での販売に問題があること、住民の年間平均実効線量が1ミリシーベルトを超えること、高い技能の専門家が不足していること、などである。特別プロジェクトは、地方の執行・監督機関や国家計画の発注機関の提案に基づいて作成される。

あとがき

　この報告書に記載されたすべての情報——統計、比較分析、予測、結論——は、チェルノブイリ原発事故の被害の規模だけでなく、被害克服分野における意思決定、具体的活動の選定、そして目に見える成果の達成のためにベラルーシ共和国が歩んできた道程がいかに複雑であるかを示している。この若い独立国家の選択のなかで最も評価されるのは、被災地域を決して放置しなかったことだろう。これは、立入禁止区域や退去区域であろうと、100万人以上が暮らす地域であろうと同じである。さらに、放射能汚染という条件下で得た経験は、国が長期的発展戦略を策定することを可能としている。

　チェルノブイリ大惨事の被害の特徴は、国がこれまでに達成した顕著な成果にもかかわらず、被災地域の復興と発展、同地域に住む住民の生活環境の持続的改善については引きつづき多くの作業が待ち受けているということである。今後の国の活動の優先は、科学技術の発展状況を考慮しながら、ターゲット型医療支援システムと健康増進システムの改善と発展、防護措置の改善と充実、地域や村の持続的活動のためのプロジェクト実施、放射線安全や放射線生態学リテラシー、人智全般に関する効果的な情報空間の創設に向けられる。

執筆者・査読者一覧

Vladimir A. CHERNIKOV
Head of the Department for Mitigation of Consequences of the Catastrophe at the Chernobyl NPP of the Ministry of Emergency Situations of the Republic of Belarus

Anatoly V. ZAGORSKY
First Deputy of the Head of the Department for Mitigation of Consequences of the Catastrophe at the Chernobyl NPP of the Ministry of Emergency Situations of the Republic of Belarus

Nikolai N. TSYBULKO
Deputy Head of the Department for Mitigation of Consequences of the Catastrophe at the Chernobyl NPP of the Ministry of Emergency Situations of the Republic of Belarus

Olga M. LUGOVSKAYA
Head of the Department of Scientific Support and International Cooperation of the Department, Candidate of physico-mathematical sciences

Gennady V. ANTSIPOV
Head of the Directorate of the Rehabilitation of Affected Territories of the Department, Candidate of engineering sciences

Valentin V. ANTIPENKO
Head of the Department of Ideology and Staff Management of the Department

Vladimir V. KUDIN
Head of the Department of Social Protection and Legal Activities of the Department

Nina A. SAVICH
Head of the Investment Sector of the Department

Serafima A. KUKINA
Deputy Head of the Directorate of the Rehabilitation of Affected Territories of the Department

Natalia I. SIDOROVICH
Chief Specialist of the Department of Social Protection and Legal Activities of the Department

Viktor S. AVERIN
Director of the Republican Research Unitary Enterprise Institute of Radiology of the Ministry for Emergency Situations of the Republic of Belarus, Doctor of Biological Sciences

Zoya I. TRAFIMCHIK
Director of the Belarusian Branch of the Russian-Belarusian Information Centre on the Problems of the Consequences of the Catastrophe at the Chernobyl NPP of the Institute of Radiology Republican Research Unitary Enterprise under the Ministry for Emergency Situations of the Republic of Belarus

Nikolai Y. BORISEVICH
Deputy Director for Science of the Belarusian Branch of the Russian-Belarusian Information Centre on the Problems of the Consequences of the Catastrophe at the Chernobyl NPP of the Institute of Radiology RRUE, Candidate of Biological Sciences

Yury I. BONDAR
Deputy Director of the Polessie Radiation and Environmental Reserve, Candidate of Chemical Sciences

Maria G. GERMENCHUK
Director of the Hydrometeorology Department of the Ministry of Natural Resources and Environmental Protection of the Republic of Belarus, Candidate of Technical Sciences

Yakov E. KENIGSBERG
Chairman of the National Commission of Belarus on Radiation Protection under the Council of Ministers of the Republic of Belarus, Head of Radiation Safety Laboratory of the Republican Scientific and Practical Centre for Hygiene of the Ministry of Health of the Republic of Belarus, Doctor of Medical Sciences, Professor

Iossif M. BOGDEVICH
Head of Department of the Institute of Soil Science and Agrochemistry of the National Academy of Sciences of Belarus, Doctor of Agricultural Sciences, Professor, Academician of the National Academy of Sciences of Belarus

Alexander V. ROZHKO
Director of the State Institution Republican Scientific and Practical Centre of Radiation Medicine and Human Ecology, Candidate of Medical Sciences, Associate Professor

Larisa N. KARBANOVICH
Leading Engineer of Bellesrad State Institution of Radiation Control and Radiation Safety of the Ministry of Forestry of the Republic of Belarus

Olga M. ZHUKOVA
Head of the Department of Research and Development of the State Institution Republican Centre for Radiation Control and Monitoring of the Environment of the Ministry of Natural Resources and Environmental Protection of the Republic of Belarus, Candidate of Technical Sciences

Eldar A. NADYROV
Head of the Clinical and Experimental Department of the State Institution Republican Scientific and Practical Centre of Radiation Medicine and Human Ecology, Candidate of Medical Sciences, Associate Professor

Vladimir B. MASYAKIN
Head of the Epidemiology Laboratory of the State Institution Republican Scientific and Practical Centre of Radiation Medicine and Human Ecology

参考資料

1. The Atlas of Caesium Contamination of Europe after the Chernobyl Accident // Yu.A. Izrael. – Luxemburg: Publications Office of the European Commission, 1998.
2. Law of the Republic of Belarus "On the Legal Status of the Territories Which Suffered Radioactive Contamination Resulting from the Catastrophe at the Chernobyl NPP" No. 1227-XII dated November 12, 1991 (Bulletin of the Supreme Council of the Republic of Belarus, 1991, No. 35, p. 622; National Register of the Legal Acts of the Republic of Belarus, 1999, No. 37, 2/33).
3. 20 Years after the Chernobyl Catastrophe: Consequences in the Republic of Belarus and their Mitigation. National Report // Under the editorship of V.E. Shevchuk, V.L. Gurachevsky. – Minsk: Committee on the Problems of the Consequences of the Catastrophe at the Chernobyl NPP under the Council of Ministers of the Republic of Belarus, 2006. – 112 p.
4. Ya.E. Kenigsberg, Yu.E. Kryuk. Ionizing Radiation and Health Risks. – Gomel: Institute of Radiology RRUE, 2005. – 70 p.
5. Ya.E. Kenigsberg, Yu.E. Kryuk. Exposure of the Thyroid Gland of the Population of Belarus Resulting from the Chernobyl Accident: Doses and Effects. – Gomel: Institute of Radiology RRUE, 2004. – 122 p.
6. Catalogue of Annual Mean Effective Exposure Doses of the Inhabitants of Settlements of the Republic of Belarus, adopted by the Ministry of Health of the Republic of Belarus 18.08.2009 / Gomel: State Institution Republican Scientific and Practical Centre of Radiation Medicine and Human Ecology, 2009. – 86 p.
7. A Resource Pack of Information and Analytical Materials on the Establishment of the Elements of the System of Targeted Specialized Health Care for the People of Russia and Belarus Affected by the Chernobyl Catastrophe based on the data of the Unified Chernobyl Registry // Under the editorship of A.V. Rozhko. – Minsk: BBRBIC of the Institute of Radiology RRUE, 2010. – 45 p.
8. G.M. Lych, Z.G. Pateeva. Chernobyl Catastrophe: Socio-Economic Problems and Ways to Address them. – Minsk: Pravo and Ekonomika, 1999. – 296 p.
9. Ya.E. Kenigsberg, Yu.E. Kryuk. Estimate of the Prevented Damage in the Mitigation of the Consequences of the Catastrophe at the Chernobyl NPP in the Republic of Belarus. Radiatsiya i Risk, Moscow–Obninsk, vol. 16, No. 2–4, 2007, p. 27–32.
10. Law of the Republic of Belarus "On Social Protection of People Affected by the Catastrophe at the Chernobyl NPP" No. 634-XII dated February 22, 1991 (Bulletin of the Supreme Council of the Republic of Belarus, 1991, No. 10(12), p. 111).
11. Law of the Republic of Belarus "On Radiation Safety of the Population" No. 122-3 dated January 5, 1998 (Bulletin of the National Assembly of the Republic of Belarus, 1998, No. 5, p. 25).
12. Law of the Republic of Belarus "On Social Protection of People Affected by the Catastrophe at the Chernobyl NPP, Other Radiation Accidents" No. 9-3 dated January 6, 2009 (National Register of the Legal Acts of the Republic of Belarus, 2009, No. 17, 2/1561).
13. BELARUS – Chernobyl Review. World Bank Report No. 23883-BY. – 2002. – 142 p.
14. Chernobyl's Legacy: Health, Environmental and Socio-Economic Impacts and Recommendations to the Governments of Belarus, the Russian Federation and Ukraine. Chernobyl Forum: 2003–2005. Second revised version. – IAEA, Austria, 2006.
15. Major Conclusions of the International Conference "20 Years After Chernobyl. The Strategy for Recovery and Sustainable Development of the Affected Regions" (April 19–21, 2006, Minsk–Gomel). – Gomel: Institute of Radiology RRUE, 2006. – 12 p.
16. Human Consequences of the Chernobyl Nuclear Accident - A Strategy for Recovery. A Report Commissioned by UNDP and UNICEF with the support of UN-OCHA and WHO New-York–Minsk–Kyiv– Moscow, 2002.
17. www.bellesrad.by.
18. Atlas of Present and Anticipated Effects of the Catastrophe at the Chernobyl NPP on the Affected Territories of Russia and Belarus (ASPA Russia-Belarus) // Under the editorship of Yu.A. Izrael, I.M. Bogdevich. – Moscow–Minsk: Infosphera Foundation – NIA Priroda, 2009. – 140 p.
19. www.rbic.by.
20. E.M. Babosov. Chernobyl Tragedy in its Social Dimension. – Minsk: Pravo and Ekonomika, 1996. – 151 p.
21. E.M. Babosov. Social Effects of the Chernobyl Catastrophe, Ways to Overcome. – Minsk: BTN-Inform, 2001. – 219 p.

■用語解説

1 **放射線**：電離放射線のこと。電磁波、粒子線のうち直接的または間接的に空気を電離する能力を持つもの。ガンマ線、エックス線、アルファ線、重粒子線、陽子線、ベータ線、電子線、中性子線など
2 **放射能**：物質が放射線を放出する能力のこと。1秒間に1個の原子核が崩壊する放射能の強さが1ベクレル（Bq）
3 **国家計画**＊：複合的性格の問題に対し、5〜10年の中長期的取り組みを視野に入れて策定される政府の包括的政策文書のこと（国家プログラムともいう）。政策目標や課題、期待される効果、個別分野の方針や施策、担当省庁・機関、期間、予算、報告・評価方法などを含む。ベラルーシ共和国は、この国家計画に基づき、チェルノブイリ原発事故被害克服に関する個別の施策を実行している。本書では文脈に応じて「国家計画1993〜95年」などと略記する
4 **放射性物質**：放射線を出す能力を持つ物質
5 **放射性核種**：核種（nuclide）とは陽子数と中性子数で決まるさまざまな種類の原子核のこと。放射能を持つ核種のことを放射性核種という。不安定で、放射線を放出して崩壊する。放射性同位体、放射性同位元素などと呼ばれることもある（厳密には意味は異なる）
6 **セシウム**：原子番号55の元素（Cs）。セシウム137は、半減期30.04年のセシウムの放射性同位体
7 **土壌汚染濃度**：ベラルーシでは、放射性核種による土壌の汚染は、1平方メートル当たりのキロベクレル（kBq/m²）、または1平方キロメートル当たりのキュリー（Ci/km²）で表される。なお、1Ci/km²＝37kBq/m²
8 **ヨウ素**：原子番号53の元素（I）。ヨウ素131は、半減期8.021日のヨウ素の放射性同位体
9 **健康観察制度**＊：専門診療所や病院などで（特定集団の）住民の健康状態に対して能動的に経過観察を行う制度。予防、診断、治療および健康増進の一連の措置を含む
10 **罹患率**：観察対象の集団に対する、一定期間内における病気の新規発症者数の割合
11 **標準化罹患比**：Standard Incidence Ratio（SIR）。がん罹患率の人口規模を考慮して人／年へ換算された期待事象数に対して実際に観察される事象数の割合。SIR＞1の場合、被ばくした集団の罹患リスクは被ばくしていない集団よりも高い
12 **有病率**：病気を発症した時期とは無関係に、ある時点において集団のなかで病気に罹っている人の割合
13 **コホート**：疫学調査においては、何らかの共通する特徴（例えば、職業的に放射線源と接触する）を持ち、一定期間調査される対象集団のこと
14 **相対リスク**：ある健康影響について、性・年齢などを一致させた対象集団と比較して被ばくした集団のリスクが何倍になっているかを表す。値が1に等しければ、放射線被ばくはリスクに影響を及ぼしていない
15 **寄与リスク**：発生した疾患や死亡のうち、放射線被ばくに起因すると考えられる事象数の割合。線量にしたがって増える
16 **Wald信頼区間**：信頼区間は、統計の結果から推定値を求める際に、真の値を含む可能性が非常に高い推定値の範囲。Wald信頼区間は、信頼区間を求める計算方法のひとつ
17 **P値**：観察集団間に差が偶然生じる蓋然性（Probability）を示す尺度。通常P＜0.05の場合、集団間の差が偶然ではない（統計的に有意）とされる
18 **ERR（Excess Relative Risk）**：過剰相対リスク。放射線を浴びることによってリスクが割合としてどれだけ増えたかを示す。観察事象数と期待事象数の差と、観察因子が存在しない場合の期待事象数を比較した値
19 **EAR（Excess Absolute Risk）**：過剰絶対リスク。放射線を浴びることによってリスクがどれだけ上乗せされたかを示す
20 **結節性甲状腺腫**：甲状腺が部分的に腫れている（しこりのある）状態。しこりの数によって単結節性と多結節性に分かれる
21 **吸収線量**：放射線にさらされている物質が単位質量（kg）当たりどれだけのエネルギー（J：ジュール）を吸収したかを表す量（放射線の種類によらず適用できる）。単位はグレイ（Gy）
22 **放射線安全**：電離放射線が環境や公衆へ被害を与えるリスクがない状態。放射線安全は、作業者や住民を放射能汚染、被ばくなどから守る諸措置をとることによって達成される
23 **外部・内部被ばく**：放射性物質が人体の外部にあり、体外から被ばくすることが外部被ばく。放射性物質が人体の内部にあり、体内から被ばくすることが内部被ばく
24 **集団線量**：被ばくした集団を対象として線量を評価するために、対象集団における1人当たりの個人被ばく線量をすべて足したもの。単位は、人・シーベルト（人・Sv）
25 **放射性核種濃度**：ベラルーシでは、放射性核種による農産物や食物の汚染は1キログラム当たりのベクレル（Bq/kg）で表される。飲料水などの液体の汚染は1リットル当たりのベクレル（Bq/ℓ）で表される
26 **同位体**：陽子数（原子番号）が同じで、中性子数が異なる原子核を互いに同位体と呼ぶ。質量数は異なるが、化学的性質は同じ
27 **ガンマ線**：放射性核種から放出される電磁波の一種。アルファ線やベータ線より物質を透過する力が強い
28 **線量率**：ベラルーシでは、人間の外部被ばくの要因となる屋内、農地、森林などの空間線量（空間ガンマ線量率）は毎時マイクロシーベルト（μSv/h）、または毎時マイクロレントゲン（μR/h）で表される。通常時の空間線量は毎時0.1〜0.2μSv/h、または毎時10〜20μR/hである
29 **バックグラウンド放射線**：宇宙から飛んでくる放射線、地球上にある天然の放射性物質が放出する放射線など自然発生している放射線のこと
30 **半減期**：放射性物質の放射能の強さがもとの数値から半分に減るまでの期間
31 **放射性同位体**：第5項および第26項参照

32 **ストロンチウム**：原子番号38の元素（Sr）。ストロンチウム90は、半減期28.74年のストロンチウムの放射性同位体
33 **プルトニウム**：原子番号94の元素（Pu）。プルトニウム238・239・240は、半減期がそれぞれ87.74年、2万4110年、6537年のプルトニウムの放射性同位体
34 **実効線量**：放射線による身体への影響は組織や臓器ごとに異なるため、その影響の度合いを考慮して、全身が均等に被ばくした場合と同じ尺度で被ばくの影響を表した値。単位は、シーベルト（Sv）
35 **自然崩壊**：外的な働きかけがなく放射性同位元素が、放射線を放出して他の安定した元素や状態に変化すること
36 **超ウラン核種**：原子番号がウランの92を超える元素のこと（超ウラン元素）。ネプツニウム（原子番号93）、プルトニウム（原子番号94）、アメリシウム（原子番号95）など
37 **アルファ線**：放射線の一種。正の電気を帯びたヘリウム原子核の流れで、物質を透過する力は弱い
38 **アメリシウム**：原子番号95の元素（Am）。アメリシウム241は、半減期432.2年のアメリシウムの放射性同位体
39 **ジョールンポドゾル性土壌**＊：亜寒帯の針葉樹林地帯に分布する酸性土壌。ポドゾル性土壌分布域の南部に存在。針葉樹林と広葉樹が混合し、下草が繁茂する
40 **イオンの状態**：原子が電子を放出したり受け取ったりして電荷を帯びている状態
41 **パーセンタイル**：小さい順に並べられた数列のなかで、指定された順位にある数値。例えば75パーセンタイルは、小さいほうから75番目の数値
42 **ベラルーシ・ロシア連合国家**＊：1999年、ベラルーシ共和国とロシア連邦は連合国家創設条約に調印。両国はチェルノブイリ原発事故対応の分野などで共同政策を実施している。詳細は第2章2.3参照
43 **照射線量**：放射線（エックス線・ガンマ線）が空気を電離して電気を帯びさせる強さ。単位質量当たりの空気が電離される電荷量で表される。SI単位（国際単位系）はクーロン／kg。旧単位はレントゲン（R）。
44 **ベータ線**：陽子や中性子の約1840分の1の質量を持つ高速度の電子から成る粒子線
45 **スペクトル測定**：放射性核種の同定（特定）、線量に対する核種別の寄与評価などを行うこと。測定器がスペクトロメータ
46 **比放射能**：単位質量当たりの放射能の強さ
47 **シンチレータ**：放射線が当たると発光する蛍光物質を利用して、放射線量を測定する装置
48 **ホールボディカウンタ**：人体中のガンマ線放出核種（放射性セシウムなど）の量を測定する機器。通常は体を透過し、体外に出てくるガンマ線のみを検出し、透過力の弱いベータ線は検出できない。他方、報告書で言及される分析用ベータ線・ガンマ線ホールボディカウンタはガンマ線に加え、ベータ線も対象とする（体内の放射性ストロンチウムの量が測定できる）
49 **基準サイト**＊：土壌汚染の長期的変化を評価するための500m×500m以上の土地区画。放射物質降下後に人工的影響を受けておらず、建物、構造物、舗装地、木、茂みのない土地が選定される
50 **放射性ヨウ素内用療法**：医療用の放射性ヨウ素を服用する甲状腺疾患の治療法
51 **酸素カクテル**：ジュースと酸素を混ぜた飲料
52 **地勢・地質化学野外実験場**＊：放射性核種の土壌中垂直分布を評価するための500m×500m以上の土地区画。放射性物質降下後に人工的影響を受けておらず、セシウム137、ストロンチウム90、プルトニウムの同位体がさまざまな汚染レベルにある地域で地勢・地質化学の観点から典型的な土地が選定される
53 **放射性エアロゾル**：気体中に浮遊する微小な液体または固体の粒子をエアロゾルという。放射性エアロゾルは、放射性核種が付着したもの
54 **全ベータ放射能**：試料中の放射性核種を特定しない、ベータ線の放射能の総量
55 **イオン交換態**：土の粒子表面の電荷などに吸着されている状態。水に溶け、植物に移行する
56 **コロイド粒子**：気体や液体中に均一に分散している微小な粒子
57 **直線速度**：単位時間当たりに直線距離を進む速さ
58 **固定態**：粘土鉱物などに固定化されている状態。一般には水に溶けず、植物に移行しないと考えられている
59 **移行係数**：植物試料の比放射能（Bq/kg）の土壌汚染密度（kBq/m^2）に対する比
60 **微量要素**：植物の生育に欠かせない栄養素のうち、必要量が多い栄養素を多量要素、必要量が少ない栄養素を微量要素という。マンガン、ホウ素、鉄など
61 **完全更新**：草地の植生回復を図るための更新方法のひとつ。全面的に耕起して施肥、播種を行う
62 **簡易更新**：草地の植生回復を図るための更新方法のひとつ。草地の表層あるいは播種床部分を破砕・撹拌して施肥、播種を行う
63 **フェロシアン化物**：別名、紺青（プルシアンブルー）。約300年前に人工的に合成された青色顔料。セシウムを選択的に吸着する性質があることから放射性セシウムを除去するひとつの方法として利用されている
64 **耕種農業**：土地を利用して作物を育てる稲作や畑作など
65 **絶対測定**：標準線源との比較測定によらず放射線源の放射能を測定する方法
66 **放射化学分析**：放射性核種の放射能、またはその娘核種の放射能によって放射性核種の存在量を知るための化学分析法（試料を化学的に分離・精製して測定する）
67 **機器簡易測定法**：化学的な分離・精製を行わず、測定器のみで試料の放射能を測定する方法
68 **水理**：水の流れに関する力学
69 **維管束植物**：維管束（根・茎・葉をつらぬいている束状の組織）を持つ植物群の総称で、シダ植物、裸子植物および被子植物を含む

＊ベラルーシに特有の用語

■巻末資料

表　チェルノブイリと福島の比較

項　目	チェルノブイリ	福　島
原子炉　種類	発電炉 黒鉛減速・沸騰軽水冷却チャンネル炉 （圧力管型）	発電炉 軽水減速・沸騰軽水冷却炉
型　式	ソ連製　RBMK1000	GE社製　BWR. Mark 1
基　数	1基	4基
電気出力（万kW）	100	1号機：46　2号機：78　3号機：78　4号機：78
特　徴	格納容器がない構造。低出力状態では高い正のボイド係数となり制御が不安定化	1号機：ターンキー契約で米国より購入
運転開始年	1983年12月22日 （商業運転1984年3月26日）	1971年3月26日 （1号機のみを記載）
事故の年月日	1986年4月26日	2011年3月11日
事故の主原因	運転規則に違反した人的エラー＋炉の特性と構造	地震津波による全外部電源の喪失＋その他の複合要因
事故の様態	炉心の爆発・火災により放射性物質がヨーロッパを中心に広範囲に拡散。石棺で密閉	冷却不能による炉心溶融。水素爆発による建屋の破壊などによる発電所機能の完全喪失。2012年8月現在収束作業進行中
放出放射能[※1] TBq 大気圏（総量要素131換算値）	IAEA、UNSCEAR：520万TBq	保安院（政府事故調）：77万TBq 安全委員会（同上）：57万TBq 国会事故調・東電：90万TBq（チェルノブイリの約1/6）
水圏（単純合算値、未確定）		IRSN、東電：1万8000TBq
深刻な放射能 汚染地域の広さ	1万3000km² （555kBq/m²以上、約年間10mSv以上に相当）	1800km²（年間5mSv以上）福島県
被曝による人的被害 急性障害死　作業者 がん死　作業者 　　　　　公衆	28人 白血病、甲状腺がん：有意に増加 甲状腺がん：同上	0人 未確定 未確定
一般公衆の被曝 （避難と被曝）	●避難行動は組織的に実施されたが、大量の放射能放出後に避難を開始したため、線量はかなり多くなった。 ●甲状腺被曝防護に失敗。 ●内部被曝線量管理は特に乳幼児のI-131について不十分。	●放出放射能の拡散方向などの情報なしに、避難開始・避難区域の段階的拡大を実施したため避難行動が混乱。避け得た被曝が生じた。 ●甲状腺被曝防護に失敗。 ●事故後中長期の内部被曝線量管理はほぼ成功。 ●福島3町村1万4000人の事故後4ヵ月外部被曝線量：1mSv未満57%、1～10mSv未満42.3%、10mSv以上0.7%。
避難者数	11万6000人 （ベラルーシ、ウクライナ、ロシアの3ヵ国合計）	14万6520人 （公式な避難者数、政府指定区域以外からの自主避難者を除く）
事故の規模[※2] 国際原子力事業評価尺度 （INES）	7	7

※1 環境に放出される可能性のある「原子力発電所内の放射能の量（inventory インヴェントリー）」は、事故の規模などを考察する上で重要な値ではあるが、調査報告書では示されていない。おおざっぱな比較として、事故を起こした原子炉内あるいは使用済燃料保存プール内の核燃料棒の数を示すと、チェルノブイリ1661本。福島（1～4号炉合計）4604本（炉内1496本、燃料プール内3108本）である。

※2 7段階。最大が7。

この表は、チェルノブイリ原発事故と福島第一原発事故が比較しやすいように編集部の判断で掲載しました。

*出典：R.モールド（小林定喜訳）『目で見るチェルノブイリの真実［新装版］』西村書店、2013年
　　　小林定喜氏の「訳者まえがき『チェルノブイリの真実』新装版に寄せて」p.vより転載

チェルノブイリ原発事故　ベラルーシ政府報告書［最新版］

初版1刷発行●2013年 5月20日

編　者
ベラルーシ共和国非常事態省チェルノブイリ原発事故被害対策局

監訳者
日本ベラルーシ友好協会

発行者
薗部良徳

発行所
㈱産学社
〒101-0061 東京都千代田区三崎町2-20-7 水道橋西口会館7階　Tel. 03(6272)9313　Fax. 03(3515)3660

印刷所
㈱シナノ

©Sangakusha Co., Ltd. 2013, printed in Japan
ISBN 978-4-7825-3349-9　C0036
乱丁、落丁本はお手数ですが当社営業部宛にお送りください。
送料当社負担にてお取り替えいたします。

産学社の好評既刊書

メディアの罠
権力に加担する新聞・テレビの深層

青木理、神保哲生、高田昌幸［著］●定価（1500円＋税）

「ウソ」だらけの報道は構造的に生み出されていた！
内幕を知るジャーナリストたちが
大メディアの危機の本質を語り尽くす！

どうしてこの国は「無言社会」となったのか

森真一［著］●定価（1300円＋税）

電車で足を踏まれたのに、無視されたことありませんか？
あちこちにあふれかえっている「無言社会」の原因を探りながら、いかに気軽に声を出せる社会を作っていくかを考察する。

@Fukushima
私たちの望むものは

高田昌幸［編］●定価（1700円＋税）

あの日以来、福島の人々はその現実のなかで何を考え、どう生きていこうとしているのか。
前双葉町長、井戸川克隆氏をはじめ、61人の思いを綴った福島ゼロ年目の真実。